流域污染源解析与精准调控方法研究及案例应用

陈　岩　著

气象出版社
China Meteorological Press

内容简介

流域系统非线性响应特征是影响流域污染控制效率的根本问题。基于水质目标实施流域污染控制,是"水十条"的基本要求。本书从识别流域污染控制与水质目标的数值关联关系入手,针对污染源—水质—污染调控优化的输入响应关系和不确定性,研究流域污染源解析和措施优化的技术:开展了流域污染贡献的精准识别技术研究,建立了精准高效的流域污染源解析技术。开展了基于水质目标管理的流域污染精准调控技术研究,构建了一套以流域污染源解析和不确定性优化为核心的流域精准调控方法,并落地实践开展了案例研究,旨在推进流域水质目标管理和精准治污的进程中提供一定的支撑,给流域精准治污、科学管理提供一定的参考。

本书可供从事水生态环境保护工作的科研人员、工程技术人员和管理人员等参考,也可供高等学校环境类相关专业的师生参阅。

图书在版编目（ＣＩＰ）数据

流域污染源解析与精准调控方法研究及案例应用 /
陈岩著. -- 北京 : 气象出版社, 2022.12
　　ISBN 978-7-5029-7893-8

Ⅰ. ①流… Ⅱ. ①陈… Ⅲ. ①流域－污染源－污染控
制－研究－中国 Ⅳ. ①X52

中国版本图书馆CIP数据核字(2022)第250700号

流域污染源解析与精准调控方法研究及案例应用
Liuyu Wuranyuan Jiexi yu Jingzhun Tiaokong Fangfa Yanjiu ji Anli Yingyong

出版发行: 气象出版社			
地　　址: 北京市海淀区中关村南大街 46 号		**邮政编码:** 100081	
电　　话: 010-68407112(总编室)　010-68408042(发行部)			
网　　址: http://www.qxcbs.com		**E-mail:** qxcbs@cma.gov.cn	
责任编辑: 蔺学东　王　聪		**终　　审:** 张　斌	
责任校对: 张硕杰		**责任技编:** 赵相宁	
封面设计: 艺点设计			
印　　刷: 北京中石油彩色印刷有限责任公司			
开　　本: 710 mm×1000 mm　1/16		**印　　张:** 8.25	
字　　数: 180 千字		**彩　　插:** 1	
版　　次: 2022 年 12 月第 1 版		**印　　次:** 2022 年 12 月第 1 次印刷	
定　　价: 68.00 元			

前　言

　　污染控制能否有效地解决地表水质问题一直是流域管理中最重要的问题，也是衡量污染控制是否有效的直接指标。基于水质目标实施流域污染精细化管控，是《水污染防治行动计划》（简称"水十条"）的基本要求，而流域系统的非线性响应特征，是精准解决流域污染问题的主要障碍，如何处理这种非线性响应关系是识别流域污染源与水质目标关系的难点，也是流域基于水质目标开展精准、科学、依法调控的关键。鉴于此，本研究拟解决的关键技术是，在流域污染控制"陆域-水体-污染管控"三要素的过程中，基于非线性响应和不确定关系影响下，如何定量流域污染控制与水质改善响应的数值关系，如何建立流域精确高效的污染源调控模式。

　　在复杂的流域环境下，本研究着重开展了两个方面的研究：一是建立了直接高效的污染源解析模型，精准高效地解析污染源与水质的输入响应关系；二是建立了基于水质目标的精准调控方法，推动实施精准、高效的污染管控，提升污染调控优化与水质目标响应计算的效率。整体上构建了一套以流域污染源高效和直接解析、不确定性优化为核心的流域污染精准调控方法体系，包括水体直接污染源解析模型、基于水质目标的流域-水体污染源数值解析模型、基于水质目标的污染源精准优化调控方法，并对污染源贡献与削减的非线性响应特征以及参数不确定性影响进行了探讨等，并以典型流域的水质达标调控为例，开展了流域污染源解析和精准调控的案例研究，形成如下成果。

　　建立了流域水体水质的源解析模型。为计算入湖污染对流域水质的污染贡献率，研究中基于对污染源的微分求导公式，对水质控制方程进行改进，以每个偏微分方程对应一个源解析变量，形成了一系列污染源解析状态变量的控制方程，耦合水动力方程，获取源解析系数，直接计算每个源对每个时空点的水质贡献，实现了通过一次模拟，获取所有源在水体中不同时空中的贡献比例。这是一种直接的、高效的污染源解析模型，相比传统扰动、迭代等数值计算方法，实现了一次计算解析所有污染源的贡献，同时又避免了扰动或者试算过程中水体水质的非线性响应带来的误差，实现了污染源解析的高效与精确。

　　构建了流域-水体的污染源数值解析模型。耦合了流域控制单元管控-陆域污染源解析-湖体直接源解析模型，构建了模型，实现了基于水质目标对湖泊流域污染源对水体水质贡献的解析。采用 SWAT 模型建立了湖泊流域的陆域污染源负荷解析模型,并将流域污染控制的分区、分级的管理思路与数值模型 SWAT 计算的精细化方法进行了融合,计算了八里湖子流域污染负荷数值解析和入湖河流污染负荷贡献,进一步耦合湖体直接源解析模型,量化了各子单元的污染负荷与对各水体断面不同时间的污染物贡献率。将当前流域分区分级管理的实际与流域污染负荷的精细化数值模型方法有效融合,既降低了非线性的影响,突破了传统污染源解析方法效率的问题,又使模拟计算结果更加吻合管理实际。

基于流域污染源解析模型,建立了基于水质目标的污染精准优化调控方法。基于直接源解析模型结果,开展了削减方案情景设计,分析了污染源削减与水质响应的非线性特征,并采用拉丁超立方的方法开展了参数的不确定性分析;以直接源解析为核心改进优化模型的约束条件部分和优化模型与水质目标的关联部分,改进了线性规划模型中水质与污染源关联部分,实现与直接源解析的耦合,建立了风险显性区间数线性规划的方法(DST-REILP),实现污染源管控和水质的直接响应;采用改进的风险显性区间数线性规划模型方法,评估了不确定性对管理决策的影响,支持制定更加合理可行的污染负荷削减方案,突破了不确定性条件下基于水质目标实施流域污染源精准调控优化的技术难题。

选取典型流域作为研究案例,开展了污染源直接解析与不确定优化方案的设计,进一步验证了方法体系的有效性,验证了在非线性环境下求解与关联污染源与水质直接响应关系时体现出的优越性。案例结果表明,污染源对水质的贡献具有较强的时空异质性,即不同监测断面和不同时间的污染源解析结果存在差异,因此,只有考虑污染源贡献率的直接性和动态性,才能得到有效的污染源控制方案。本研究得到的直接源解析结果是任意时间和空间尺度上的精确解,在污染源的时空解析精度和准确度上有其他方法所不可比拟的优势,且计算效率大大提高。

本研究建立的模型技术与方法体系丰富了流域污染控制的系统方法,为我国流域开展污染源解析、建立污染源清单及水质目标精细化管理提供了定量化的决策支撑工具。开展的八里湖流域实证研究,有助于高效开展流域污染源管理,以更有效地发挥污染物控制对湖泊水环境质量改善的作用。

著　者

2022 年 7 月

目　　录

第1章 引 言

1.1 研究背景

污染控制能否解决流域水质问题是衡量污染控制是否有效的直接指标,其中建立环境状态变量之间的响应关系仍是热点。污染调控是流域管理中的一项重要工作,能否快速直接地解决地表水水质恶化及生态系统退化等问题,是流域污染控制是否高效的主要判别。无论是美国的 TMDL(Total Maximum Daily Loads)计划还是欧盟水环境管理框架指令的研究,世界各国的流域污染控制都是围绕如何高效实现流域生态环境问题的解决展开的。"九五"期间,污染物控制正式成为我国环境保护的一项重要工作,国家环境保护总局编制了《"九五"期间全国主要污染物排放总量控制实施方案(试行)》,提出我国水污染物控制模式为先以达标排放控制,再以水质目标规定允许排污控制;在《中华人民共和国水污染防治法实施细则》中多个条款对流域污染控制措施提出了具体规定,并通过区域限批、挂牌督办等措施,以期污染控制效率更高。

污染精准调控的主要目的是实现环境质量的维护和改善,在调控过程中,把握污染源与环境质量之间的响应是关键。相关研究提出(吴舜泽 等,2013;孟伟 等,2007;赵喜亮,2010;张震宇,2010;董文福,2008),以目标为导向的"十一五"污染控制体系存在两个主要问题:一是地区间分配不合理,经济欠发达地区的污染控制执行存在困难;二是与水质改善的关系不明确,污染控制与环境质量并不直接挂钩(吴舜泽 等,2013;王金南 等,2010;逯元堂 等,2008)。

从"六五"科技攻关水环境容量沱江课题以来,流域污染调控与环境质量之间响应关系的研究层出不穷。大体上可分为三个主要发展阶段:第一阶段(20 世纪 60—70 年代初)是模型发展的初级阶段,主要集中在一维稳态模型和点源排放耗氧有机污染物问题的研究;第二阶段(20 世纪 70—80 年代中期)是模型快速发展阶段,主要立足于产排污系数模型和非稳态一维、二维水质模型的研究,流域水环境富营养化与非点源污染、土地利用方式与非点源污染负荷之间的定量关系开始成为关注的热点;第三阶段(20 世纪 80 年代中期至今)是模型研究的深化、完善与广泛应用阶段,国际上主流的 EFDC、WASP、AGNPS、BASINS、GWLF、SPARROW 等流域非点源模型和水质动态模型系统在部分流域成功应用,同时针对我国的流域特征,部分研究人员展开了本土原发性的流域水环境模型研究工作。但总体来看,我国污染物排放和水质响应模型研究尚处在发展阶段,如何应用模型实现污染源与水质的响应关系有效建立仍需进一步探索。

在模拟污染源与水质响应关系的基础上，基于直接的响应关系，开展管理决策优化也是水环境管理技术的重要组成部分。在传统规划框架中，确定了治理目标，就需要对方案和备选方案进行优选和优化组合，也即优化决策，目前主要方法有目标规划、线性规划、整数规划、动态规划（邹锐 等，2011）。模拟模型解决了响应问题，优化模型解决了决策优化问题，模拟-优化模型则是智慧流域管理模型框架中的主要部分（刘永 等，2012）。模型在 TMDL 管理中起着重要作用，在这种建模过程中，水质模型被用来模拟各种生物化学过程（Santhi et al.，2002；Kim et al.，2014），优化模型被广泛用于以低费高效等为目的的污染负荷分配、方案优化或优选等（Zheng et al.，2008）。LP 模型在流域管理框架中提供了一个相对简便而有效的方法，是流域管理中最常用的方法之一，但在处理诸如流域污染源与水质的响应等非线性关系时，线性规划方法会面临严重的局限性（Zou et al.，2010a）。在流域综合管理中，模拟-优化模型是支撑获取最佳流域管理方案的关键基础技术。模拟-优化模型被全面用于水环境管理（Singh，2014a）、废弃物处理管理（Qin et al.，2009；Mujumdar et al.，2004）、水资源管理（Saadatpour et al.，2013）、水质修复（Zheng et al.，2002；Conley，2008）研究中。

不确定性信息的处理是环境管理中的一大难点和热点（郭怀成，2006）。流域是一个结构复杂、因素众多、作用方式错综复杂的巨系统（方子云，1990），也是一个多层次、多变量组成的复合系统（王慧敏 等，2000）。优化方法是流域系统管理中的重要方法，其理论在实际应用过程中不断改进和发展，不确定性是流域管理决策中的必然要素，随着研究渐趋复杂和应用范围的逐步扩大，不确定性优化方法已经替代一般性优化方法成为主流。在实际管理中，随机（stochastic）（Birge et al.，1993）、模糊（fuzzy）（Huang et al.，1995；Bellman et al.，1973 ）和区间（interval）（Huang et al.，2007，2011；Feng et al.，2009）三类优化方法被广泛采用，以解决真实决策制定过程中参数不确定性、过程与决策的变化情况，不确定性优化理论和方法逐步形成。这些方法在实际流域管理中的水资源管理（Bclaineh et al.，1999；Ahmad et al.，2014；Dentoni et al.，2015）、污染物总量控制（Singh，2015；Zhang et al.，2014）、水质管理（Mobley et al.，2014）等多方面的规划发挥了巨大作用。

"十一五"与之前阶段，我国环境质量处于全面改善的阶段，排污与环境容量差距较大，可以采用目标控制模式；"十二五"期间，污染物控制因子和目标是依据国家环境质量改善要求及各地污染减排潜力而确定；未来，随着排污的下降，部分区域的环境质量已经有所好转，减排潜力会逐步缩小，减排措施需要与环境质量改善直接挂钩。上述模拟与不确定性优化方法在未来污染控制的应用中尚存在以下问题：①得到的决策方案对环境质量是否有效、是否可行并最优；②准确耦合污染源与水质的直接响应关系与不确定性优化算法的精度和效率存在矛盾；③静态规划不能应对方案制定过程中的决策变化或者分阶段执行，在权衡风险-收益问题上仍显不足。

这些从理论和应用上都仍是下一步研究的重点与难点。

随着"环保新常态"的到来,公众对环境保护的关注度日益提高,将大幅推进流域污染治理。流域污染控制将从"是否做了"向"是否有效、是否高效"快速转变。定量化、精细化是必然趋势,流域管理者将不得不回答:流域污染源的时空分布与污染贡献如何? 决策过程中何种方案能恢复水体和水生态水平,又是最快、最有效、耗费最小的高效方案? 这对现行流域管理的模拟-优化体系提出了更高的要求。因此,基于这些要求开展了本书的研究。

1.2　概念与科学问题

1.2.1　流域污染源解析的范畴

流域污染精准调控是指一种能实现流域水质高效改善的污染管控模式。流域系统具有非线性特征,特别是湖泊流域在污染源-水质输入响应上具有高度的非线性问题,为了让污染控制能够快速直接地解决水质恶化、超标等生态环境问题,需要建立基于水质与污染控制的衔接关系,让污染控制与水质直接相关,提升污染控制的靶向性,提高治污效率。这里要求,在流域中需要处理两个关系:一是精确地识别污染成因,理清治理对象;二是科学优化地实施污染治理措施,算清如何治理。这是促进流域污染控制高效的关键。

流域污染源解析也叫流域直接源解析,一般是区别流域污染源负荷解析等的概念,是指解析污染负荷对水质的贡献,是通过模型改进建立的一种污染源管控与水质直接响应关系的方法。流域污染源解析方法是相比较传统的扰动法源解析提出的,传统的扰动法源解析是在水质模型检验完成之后,每次在模型中去除一种污染源,然后运行模拟,并把结果和基线结果比较,得到该污染源的贡献。流域污染源解析是通过对水质模型的微分方程再微分,然后和水动力模型联立,获取源解析系数,即可直接计算每个源对每个时空点的水质的贡献,综合构建形成污染源-水质的高效直接输入响应技术,是通过一次模拟,而获取所有源在水体中任何时空点的贡献比例。这种污染源的解析方法,在应对流域非线性特征时,特别是湖泊流域在污染源-水质输入响应上高度的非线性问题时,效率更高且避免了扰动计算带来的系统误差。

1.2.2　流域污染精准调控中的非线性响应与源解析的需求

流域是一个融合自然、社会等多个子系统的复杂性系统,流域管理措施与流域环境状态变量之间存在明显的非线性特征。流域污染负荷的削减与流域水质改善不一定存在明显的线性响应特征(Aly et al.,1999)。在常规流域管理中的线性规划模型,因其简单易用被广泛应用到水资源管理与环境管理等多个领域,但是其难以构建流域模拟的非线性特征,具有很大的局限性。理想的流域管理状态是采取非线性模型进行流域规划管理研究,以非线性模型准确反映流域污染源-水质的非线性响应特征难以实现。非线性模拟-优化模型的研究已经开展有十年之久,但是受限于该类模型的复杂性,流域管理应用中的计算精度与计算效率难以有效提高。

在流域管理中,如何高效地建立污染源与水体水质的响应关系至关重要,也即如何能清晰地得出污染源对水体水质的数值贡献至关重要,这就需要对流域污染源开展解析工作。通过污染源解析,可以清楚地得出污染源对水体水质的直接贡献,这是效率较高的污染源与水质的输入响应关系。但是,流域通常是一种复杂的系统,尤其在湖泊流域中,通常面临流域内较大数量的污染源、复杂的陆地下垫面及复杂的模拟控制模型,而在开展流域污染控制对水体响应关系的建立工作中,通常面临的是陆域模型、水体模型以及优化模型三部分,复杂的流域关系、高度的非线性特征、复杂的模型耦合是不得不面对的问题。

这种特性经常导致模拟-优化耦合模型在计算方面效率不高,无论是计算量还是模型复杂度方面。解决这些问题,近年来研究多采用趋近模型替代的算法(邹锐 等,2010),来近似模拟水质-污染源模型响应关系,目前主要采用的趋近算法主要有神经网络法(Morshed et al.,1998;Zou et al.,2007)、逐步聚类分析法(Qi et al.,2008)、回归法(Lall et al.,2006;Aly et al.,1999)、响应曲面法(Qin et al.,2007)、贝叶斯递归树法(周丰 等,2010)等。

在流域调控的模型体系中,如何有效地建立流域污染物削减与水质改善之间的响应关系,同时又能将这种响应关系准确应用到污染负荷削减的分配优化模型,才能为整个流域管理和政策制定提供可靠的技术支撑。上述相关方法因为采取数据建模近似替代的思路,对复杂或大型模型不能有效模拟,对水体-污染源的直接响应关系反映不足,容易造成管理误差。因此,如果在耦合大型或者复杂模拟模型过程,能够有一种直接的响应关系,直接并清晰地表征污染源对水质贡献的数值特征,这样在保证计算效率的基础上,才能建立污染源与水质的直接响应关系模型,才能实现对污染源与水质的直接响应关系的精确衔接。这需要一种直观的输入响应关系,或者是基于水质对污染源直接解析,既能准确模拟污染源与水质的非线性响应特征,又能在优化计算中显性展现污染源与水质的直接响应关系。

1.2.3 模拟-优化耦合模型与计算效率需求

为了衡量优化调控的结果是否对水质和环境有明显的改善效益,通常将模拟与优化模型进行耦合,即构建模拟-优化耦合模型。通常的模拟与优化耦合关系一般分为三种:第一种先优化后模拟或者先模拟后优化,即将优化模型的计算结果作为模拟模型的输入条件(Ward et al.,2003)或者将模拟模型作为优化的参数条件(张雪花等,2002)来衡量优化模型是否会对当地水环境产生影响;第二种模拟优化的直接耦合模型,即将模拟模型的时间、空间等输入参数直接嵌入优化模型中,在目标函数或约束函数中构建对应的约束或目标函数;第三种间接耦合,即对模拟模型的显著性输入条件进行抽样,对应计算结果构建数据建模模型(统计建模、人工神经网络、决策树等),替代模拟模型。

综合来看,三种方法均存在一定问题。第一种因为模拟和优化存在一个先后顺序,难以真实反映流域非线性和动态特征,所得最优解不一定是真实情况的最优解。第二种对于耦合复杂大型模型会呈现出求解的问题,容易陷入维数灾难,有较高的时空复杂度,不易求出最优解,也容易受到质疑。虽然第三种方法解决了这个问题,通过替代模型提升了计算效率并获得原始模型的最优解(Zou et al.,2010a,2010b),然而最优解的可靠性往往不能保证,同时当模拟模型决策变量较多并且计算量较大的情况下,间接耦合方法也不能为大型流域模拟-优化决策提供可靠并高效的计算工具(刘永 等,2012)。因此,推动模拟-优化耦合方法成为流域管理决策的可靠的技术支撑工具,就必须研究改进这种模拟-耦合的研究方法,推出求解这种复杂耦合模型的高效计算方法(Zou et al.,2011)。这就需要寻求新方法的尝试,用一种直接并精确的计算探索关于流域污染源与水质关系的表达,将建立的响应关系清晰并容易在优化模型中构建,从而提高计算效率。

1.2.4　不确定性的解决与污染调控的精准性

因为流域系统的复杂性,流域系统建模若不考虑系统的不确定性将会导致模型计算结果的失真,最终导致决策失误。因此,需要将不确定性引入规划决策中,决策人员应当对流域不确定性有清醒的认识并采取正确的应对方法(Ruszczynski,1997)。目前,不确定性的重要性已经引起了广泛关注(刘永 等,2008)。

在现有的主流不确定性分析方法中,模糊线性规划(FLP)和随机线性规划(SLP)需要大量的参数以获取分布信息,因而给具体应用带来较大难题,阻碍方法实践,限制了应用范围(Huang et al.,1995)。线性规划模型(ILP)方法对数据要求较低,较 SLP 和 FLP 方法有较大优越性。Zou 等(2010a,2010b)分析了 ILP 在实际流域管理中应用的有效性,发现 ILP 方法虽然可以得到最优解,但其最优解往往在实际中超出范围,不具备在实际管理中的指导意义。风险显性区间数线性规划模型(REILP)综合考虑了决策风险和系统目标之间的平衡,克服了 ILP 模型局限,同时维持 ILP 在处理不确定方面的优势,能计算出最有效的解集合(Liu et al.,2011)。

在污染调控的决策过程中,要考虑流域多种综合因素,不确定性是这些信息的内在属性,如何进行不确定性的污染控制决策是一个备受关注的问题。这里需要考虑几个方面的不确定性特征:①信息不确定性,即信息把握不够,信息冲突、不协调或者对信息的适用背景不了解;②随机性,即偶然性、自然条件、污染排放、社会经济随机变化等;③决策的动态性,治理要求或者需求的变化,治理能力浮动,流域环境状态变量的变化等;④建模误差,模拟计算的处理和约束条件构建等建模过程中产生了不确定信息,这些信息通常会交叉存在,需将多种不确定信息综合,构建不确定模型进行处理。不确定性一方面会削弱污染源控制的有效性,另一方面会增加系统建模与计算的压力,对不确定性的处理会直接影响污染控制的高效性。所以选择合适的不确定性处理方法尤为重要(Zou et al.,2014),在污染控制决策优化的不确定性模型构建中,如何更好地耦合污染源与水质响应关系模型,如何更有依据地构建水质目标约束方程,同时又保持了高效的模型计算效率,是污染控制不确定性模型的关键。

1.3 研究进展

流域污染精准调控的关键技术,一方面是污染源与水质的输入响应关系的构建,以实现流域的水质目标管理。而在水质目标管理中,如何依据水质状况,正确精准地区分污染源的贡献,也即污染源贡献解析,是实现污染源与水质输入响应的直接有效技术,是一类支撑流域水质目标管理的重要手段,这其中水环境污染源解析技术是这类技术的一个代表。另一方面是基于水质目标的污染管控,包括负荷的合理分配以及实现效益和费用最优,这是落实控制措施,实现水质规划目标管理的重要环节(方秦华 等,2005;张玉清 等,1998)。因此,可以说流域水质目标管理(控制)技术重点由两大部分构成,一部分是污染源-水质的输入响应模拟技术,重点包括污染源贡献解析等;另一部分是污染源精细化管理的优化技术,包括对流域非线性系统不确定性的考虑,本节重点从不确定性输入响应模拟模型、污染源解析与不确定性优化模型进行论述。

1.3.1 流域污染源解析技术

污染源解析可以量化区域污染中污染物对水体水质的时空贡献量,是基于水质目标的污染控制和水质管理的基础,可以为流域精细化管理的优化模型或者模拟-优化耦合模型提供具有时空分异信息的参数和输入数据。水环境管理中的源解析技术主要分为模型方法和实验方法,其中源解析技术模型方法应用较广,可适用于各类水环境污染源和污染物的溯源分析;实验方法较多用在基于化学特征因子方面的,包括多环芳烃(PAHs)等持久性有机污染物的源解析方面。

水环境管理中的源解析方法通常是指采用模型方法开展的污染解析工作。本节重点对相关模型方法的研究进展进行梳理,而这些研究之中又多集中在"受体模型",从技术方法的角度上,可以分为以下三类,主要方法的研究进展如下。

1.3.1.1 多元统计分析方法的源解析技术

基于简单或复杂的统计模型的源解析。例如,美国 Clarkson 大学的 Hopke 等

(2004)构建了多元统计分析方法,实现源类型和源特征的识别。统计模型通常是挖掘经验数据中的基本关联关系,利用要素间的相互关系来识别污染源成分的占比或污染源类别等信息,主要包括因子分析法、多元线性回归以及主成分分析等,其中以因子分析法最具有代表性(胡成 等,2010)。因子分析法是通过多个指标相关矩阵的内部关系,寻找控制所有变量的公因子,即进行维数的约减,通过构建线性映射来表示与原始变量之间的联系(郭芬 等,2008;张怀成 等,2013)。但是因该方法的假设其应用具备一定的局限性,例如污染物质的性质或者组成不会产生反应,污染物浓度的变化是随着通量等比例变化的,污染物从产生到进入水体没有发生浓度或者总量上的变化等。显然,满足这些假设的情况在现实水体中虽然存在,但是也只局限于少数的污染物和水体。

由于多元统计模型是基于历史积累数据开展应用,不需要开展专项监测研究,具备简单和低成本的特点,所以多元统计模型的应用较多。在 1990 年,Pauret 就首次把因子分析法应用到水环境的污染物解析之中,之后采用相关方法的研究逐渐增多(Kumru et al.,2003;Pekey et al.,2004;Singh et al.,2005;Simeonov et al.,2003)。国内的应用案例例如,李发荣等(2013)采用 CFA 方法对牛栏江流域污染源进行了解析。此外,在很多研究中也会采用多种统计模型联用的方法,例如,黄静(2012)采用因子分析和聚类分析的方法对采煤塌陷区的水污染解析进行了研究,豆长明等(2013)开展了与同位素等其他方法联用进行水环境污染源解析等。

但是使用统计方法时,当排放源种类比较多的时候难以得到满意的结果,或者当不同源的时间序列稳定性差异很大的时候,也不能取得较好的结果;统计模型又无法遵从质量守恒而且时间的解析分辨率有限,由于缺乏机理上的支持,往往外推预测能力较差。

1.3.1.2 基于灰箱模型的源解析技术

此类最具有代表性的是美国沙漠研究所的 John G. Watson 教授和 Judith C. Chow 教授领导的研究组开发了化学质量平衡法(CMB)及其软件。CMB 方法是根据质量守恒原理,假设不同类型的污染物之间没有反应,而且传输过程中没有污染物的消除和形成,那么受体中的污染物就是各个来源贡献的线性总和,目前该方法在国内应用较少。国外研究也集中在沉积物中有机污染物的源解析,其中又以 PAHs 的源解析为主。但张怀成等(2013)指出,在实际中,CMB 假设不同类型的污染物之间没有反应很难成立,并且不能有效识别不同时间的排放源贡献的差异,也不能得到每一个污染源对受体中每一种污染物的贡献率,只能得到每一个污染源对受体中污染物总体的综合贡献率。

除了 CMB 方法外,成分和比值分析以及逸度模型也可以归为这一类。成分和比值分析是根据某些污染物产生过程的差异性,将其进入环境的途径分类,每一种途径都有一种自己独特的成分和比值,据此来判断污染物的来源(胡成 等,2010)。

但是这种方法主要应用于分析特定的比较稳定的某种污染物,逸度模型主要根据的是污染物的理化性质,是不能应对环境系统的非线性特征的。

总的来看,这类方法目前使用范围集中在部分特定的有机污染物,基本假设在较为复杂的案例中难以成立,并且解析的时间和空间尺度都比较有限,不能考虑到不同污染源排放的时间差异性以及受体的空间差异性。

1.3.1.3　基于数值模型的源解析技术

基于数值模型进行源解析。在水环境的模拟中,数值模型正发挥着越来越重要的作用,同时基于数值模型的源解析的研究也明显增多。数值模型的源解析理论上完全遵循能量守恒定理,而且可以有较高的时空解析分辨率。国内的研究大多是使用较为简单的数值计算模型或与上述的其他方法进行联合。但真正意义上,具有实际意义的数值源解析是采用分布式、半分布式的模型如 SWAT、AGNPS 等。例如,Ahmadi 等(2014)基于分布式模型 SWAT 集成了统计与模拟算法构建了多点多目标计算方法。

Henry(2005)构建了 UNMIX 算法和软件,指出解析难点表现为源类型以及源特征的确定,还包括了源贡献程度算法选择,其中算法主要包括扰动法、引擎算法(ME)、SMCR 以及 WLS 算法。一般来讲,数值源解析的方法会采用灵敏度分析的方法或者与统计模型人工智能耦合,但是由于数值模型本身计算量比较大,加上多次重复运行数值模型才能达到源解析的目的,所以数值源解析一直受到计算量的困扰。上述提到的基于数值模型的源解析主要是针对流域模型,而在计算方面,流域模型与受纳水体的水质水动力模型相比又相对简单很多。在实际管理中,最重要的信息实际上是要获得流域点源和非点源污染负荷对于受纳水体水质的时空分异性贡献,而不仅仅是流域负荷的解析。但是,要解析污染源对于受纳水体的水质贡献,从计算的需求和复杂度方面,较之基于 SWAT 等流域模型层面的源解析就要高一个数量级以上。面对这种水环境管理的重大需求和计算复杂性方面的矛盾,迫切需要研发高效可靠的数值源解析技术。

此外,水环境污染源解析还有一类实验方法,主要包括碳同位素法、成分和比值分析法以及逸度模型法等。这些方法主要是某种特定污染物,基于质量平衡或者化学分子的变化进行某种特别的高分子有机化合物污染来源识别,例如,采用有机碳质的放射性[14]C 可以用来区分化石燃料来源和木材燃烧的来源等。由于不是本研究的关注领域,这里不再赘述。

整体上,以往主流的多种方法对污染贡献时空分异和计算效率存在缺陷,在源解析方面缺乏时空尺度高分辨源解析。因此,有必要提高源解析模型的效率和精度,提高空间离散分析的效率,弥补快速源解析模型不足的现状,以实现污染源的时空离散分析,提高优化模型中的复杂机理模型的参数分异性。

1.3.2 不确定性输入响应模拟模型

无论是我国的总量控制还是美国的 TMDL,抑或是日本或者欧盟等其他国家的流域污染控制等,最根本的目标是实现流域水体的水质改善,达到这一目标关键的支撑技术仍是污染源-水质的输入响应关系的构建。

1.3.2.1 输入响应模型的整体进展

简单来看,输入响应模拟模型,通常可以分成三类:一是机理模型,也称白箱模型,如水质模型 WASP,水动力模型 EFDC、CE-QUAL-W2,水文模型 MIKESHE,以及非点源模型 HSPF 和 SWAT 等;二是机理与统计耦合模型,也称灰箱模型,即通过简单机理模型近似替代一部分输入响应关系,比如通过贝叶斯网络模型构建多变量之间的输入响应关系模型(Reckhow,1999);三是复杂统计模型,也称黑箱或灰箱模型,通常利用复杂的统计机理模型替代机理模拟,利用模拟模型的输入与输出数据作为数据样本训练经验模型,包括(双)响应面、CART、贝叶斯 CART、SCA、CHAID、贝叶斯 TREED 和 BART 等复杂统计模型。

非线性系统中输入响应的研究进展大致可以归纳成如下方面:①水文与非点源模型的分布式输入响应模拟模型依然是研究热点(Beven,2002),变量与参数的空间分异性更受关注,通常采取物理过程直接表达,或者采取统计模型在不同流域中区别间接表达。因此,输入响应模型的参数空间分异性分析成为空间分布模型的重要研究方向(Beven,2008)。②水文、水动力、水生态模型在流域管理方面的应用逐步成熟,但机理与优化耦合模型逐渐成为解决流域系统优化的主要手段,成为流域系统输入响应模型研究主要热点,其中 1979—1988 年,由响应面法(RS)和 CART 逐步衍生出双响应曲面法、贝叶斯网络和贝叶斯 CART 等算法成为主要方法。③不确定性分析在输入响应模拟模型中逐渐拓展开,例如,随机模拟型的 Monte Carlo-LHS 和 Monte Carlo-Bootstrap 法,GLUE、SCEM-UA、MCMC 等算法,非随机模拟模型应用中的灰色分析及模糊分析、一阶误差分析等。另外,关注风险水平的不确定分析方法受到更多关注,并逐步应用在 TMDL 管理中。④输入响应模型的模拟因子也发生了转变,关注重点随着环境治理水平和特征的变化而逐步变化,富营养化、低氧、HAB 等也逐渐成为主要研究因子。

1.3.2.2 模拟-优化耦合模型与不确定性研究进展

针对流域非线性系统的输入响应特征,Dudley 等(1980)提出输入响应模拟模型的思想,也称模拟-优化耦合模型,即将污染源-水质的模拟模型耦合优化模型。这类模型逐步发展,在流域水质管理、海洋水质管理、地下水资源以及水生态等方面的研究都得到了成熟的应用(Dentoni et al.,2015;Kazemzadeh et al.,2015;Singh,2014b;Mobley et al.,2014;Rejani et al.,2009)。随后,为了弥补该方法的计算困难等问题,智能算法被提了出来(Teleb et al.,1994),遗传算法和 hotelling 假设在模拟-优化耦合模型中的应用逐步推广(Azadivar et al.,1999;Meharki et al.,2000)。数据的可得性成为问题,为了解决该问题,BAYESIAN 网络模型(Borsuk et al.,2004)因为采取机理与统计的耦合,对数据的需求量减少,并且能近似构建多种变量的输入响应模拟关系,所以得到了广泛的推广和应用,这种方法的原理是通过机理模型、图形结构化以及回归等统计工具近似模拟模型中的输入和输出变量,并基于 BAYESIAN 理论推断输出变量的后验概率分布(周丰 等,2010)。与直接计算的模拟-优化耦合模型不同,这类模型通常采取复杂的统计计算代替机理模型,进一步嵌入优化模型中,以此降低计算成本,它属于一种在模拟精度和计算效率之间平衡的权宜方法。响应面法萌芽于 20 世纪 50 年代(Box et al.,1951),在表征污染源与水质的输入响应关系方面已经趋于完善。在 Myers 等(1973)的基础上,双响应面法(DRSM)得以提出来处理不等方差问题(Vining et al.,1990),然而该算法并没有解决目标值对均值的限定问题。随后,通过目标函数的调整,这种限制被进一步改进(Copeland et al.,1996)。在 2000 年之后,多响应值最优化的问题逐渐成为 RSM 研究的主流(Myers et al.,2004)。

为了处理输入响应模拟中变量的不确定、非线性以及离散等方面问题,AID 模型首次被提出(Morgan et al.,1963);随后,Kass 提出了 CHAID,其思想是根据反应变量和进一步筛选的解释变量对样本进行最优分割,按照 x^2-检验进行多元列联表的自动判断分类。但 CHAID 需要事前设定 x^2 值且贪婪搜索会导致敏感参数选择的偏差(Loh,2002)。Huang (1992)在 AID 基础上开发了逐步聚类分析法(Stepwise Cluster-Analysis,SCA),适合非线性关系且不连续变量的情况,同时基于严格统计检验确定敏感参数分解阈值,避免人为性。同时,分类与回归树法(CART)也是研究热点之一,CART 模型的理论与应用研究在 1984 年大致完善(Breiman et al.,1984),针对连续变量,采取基于预测误差度递归的方式,进行二分离散化,构建类似决策树的回归模型,但该方法中局部的数据匮乏,容易出现过拟合现象。Chipman 等(1998)进一步提出了 Bayesian CART(BCART),以定义标准偏差的方式主要采取概率密度法,采取误差度最小为原则,以递归方式构建回归树,以减小噪声的影响,且能更好地体现输入响应模拟中的不确定性估计。进一步地,Chipman 建立了 Bayesian TREED(BTREED)和 BART 算法,解决了叶节点的“X-Y”表达式不够精确的问题(Chipman et al.,2002)。Gray 等(2008)提出了 Bayesian CART-TARGET,构建了基于智能算法的回归树算法。

1.3.2.3　几类重点模型的对比与分析

从相关研究演进来看,非线性系统优化中的输入响应模拟的主流模型包括直接式模拟-优化耦合模型、BAYESIAN 网络、DRSM、CART、SCA、CHAID、BCART、BTREED、BART,可以处理非线性、非连续、多输入的不确定性“质-量”响应模拟问题。

模拟-优化直接耦合模型是复杂机理模拟模型（MIKE SHE、TOPMODEL、SWAT、HSPF）直接嵌入优化模型当中，多数通过智能算法（GA、ANN）等开展关键计算，计算精度通常较高，但关键的是计算成本过高，并要求变量连续，直接式模拟-优化耦合模型虽然能拟合复杂的机理模拟模型（EFDC、HSPF、CE-QUAL-W2 等），并且这一点要优于其他类的方法，但目前欠缺相应技术解决计算成本较大的问题，若还考虑不确定性分析，则会进一步降低该类型模型的实用性（Qin et al.，2007）。

简单机理与统计耦合模型，如 BAYESIAN 网络模型，以 BAYESIAN 为核心方法推断计算实现不确定性分析。该模型计算耗费小，能通过输出变量的概率分布将参数不确定性清晰地表达出来，并能实现多源数据融合（Reckhow，1999）。但该模型的缺点是采用了简单机理模型，不能精确量化"降雨-径流"、污染源迁移转化、水质-水动力等过程，支撑后续污染总量最优分配不足，输出结果难以吻合人类活动（土地调控、产业结构调整、污染排放等）生态调控的实际需求。

其他统计类模型，DSRM 以复杂机理模拟模型生成的样本训练取得输入响应关系，以近似统计替代复杂机理模拟，从而与优化模型耦合。SCA 模型进一步改进，处理非线性、非连续的问题更有优势。CART 主要原理是构建内部节点处的分支或剪枝规则，按照二叉树结构（Binary tree），逐步地聚类输出响应变量的样本集，既能构建相对最优响应变量分类模式集，又能达到过滤关键性变量的目的。BCART、BTREED 和 BART 则改进 CART 的缺陷，用先验分布推断后验分布，以此引导随机搜索，更容易得到优化的 CART 模型，并可以进行"质-量"响应模拟的不确定性分析（Chipman et al.，1998）。这类模型通过统计关系近似替代模拟模型，虽然解决了计算效率问题，可是最优解的可靠性往往不能保证，同时当模拟模型决策变量较多并且计算量较大的条件下，间接耦合方法也不能为大型流域模拟-优化决策提供可靠并高效的计算工具（刘永 等，2012）。

总体来看，不确定性输入响应模拟-优化耦合模型存在着两个关键科学问题：一是数据条件有限，计算效率需要提高，如何能高效实现高分辨率的污染源类型识别及其贡献率估计；二是如何处理复杂模拟模型与优化模型的耦合关系，即基于水质目标构建非线性系统优化中的不确定性输入响应模拟模型。如果解决了这两个科学问题，将能有效获取水文-水质过程和污染构成的时空分异特征，得到高分辨率直接源解析；在非线性、不确定性的污染源水质输入响应关系中能实现高效且精确模拟，实现非线性系统的不确定性模拟与不确定优化模型的直接耦合。

虽然以往的复杂机理模拟模型已经非常成熟，在分布式水文、非点源和水质水动力模拟方面具有很强的优势，但在优化中因为上述原因，往往体现不出相应的模拟精度，影响模拟结果在流域管理中的有效应用。因此，开发相关技术方法，构建既能直接耦合模拟与优化模型，又不会造成计算效率问题的关键方法，将是未来模拟-优化耦合技术应用的关键基础。

1.3.3　不确定性优化模型

在流域污染调控中,规划问题或者最优化问题普遍存在,如何在某些约束条件下,达到污染控制的最优,即经济最小或者耗费最大等,不确定性优化模型则是这类关键应用的基础。

线性规划、非线性规划,多目标规划、目标规划,整数规划、多层规划、动态规划等,是目前较为广泛的经典数学规划模型(刘年磊,2011),其中,线性规划(Linear Programming,LP)技术在过去几十年里,由于其良好的易用性,被广泛应用在多个行业的最优方案的制定。

1.3.3.1　不确定性优化的整体进展

流域系统具有复杂多变的特性,污染负荷削减方案是建立在污染源排放与水质响应之间的关系之上的,这种关系往往是非线性的。流域的系统信息具备明显的不确定性,而由于现实环境的复杂多变,采用确定性的模型来描述现实会造成明显的失真,最优结果经常不在实际需求区间中。传统的做法是对非线性进行简化,假设污染物的削减和水质改善之间是存在线性关系的,建立线性优化模型从而得到方案,这种方法大量存在于目前的研究之中(Jia et al.,2006),但是其结果的可靠度备受质疑(Bankes,2002;Groves et al.,2007;Milly et al.,2008)。因此,不确定性的引入,就成了数学中静态类规划在解决实际问题时的一项关键技术,这就形成了不确定性规划。近年来,不确定性规划的研究成为主流,相关建模思想与方法论基础日趋成熟。目前,随机(stochastic)(Ruszczynski,1997)、模糊、区间(interval)(Robers et al.,1969)仍是在不确定性规划的研究中对不确定性信息表达的主要形式。随机规划模型、模糊规划模型、区间规划模型逐渐成为数学规划模型研究领域中的几大门类(刘年磊,2011)。

综合分析近年研究趋势,不确定性优化模型研究呈现几个发展现象:①模糊规划和随机规划是研究中的热点,但区间规划因其较强的易用性,其研究热度与实际应用近年明显增加;②考虑不确定性的模糊、随机和区间的数学模型,研究集中在动态规划、线性规划和多目标规划,并且线性与多目标规划多,动态规划少;③针对不确定性优化模型的复杂性,随机模拟和模糊模拟技术得以逐渐提出,但为了适应更大规模计算的求解需求,基于启发式算法及相关高效算法的求解算法研究逐渐成为热点(Liu,2001);④不确定性优化调控模型在多个领域已经广泛应用,包括工程控制领域、规划设计、环境管理、工业调度等,在环境管理中多集中在水资源、水质、固体废弃物和水库等方面的管理,但在污染总量分配的不确定性优化应用不足,建模技术需要加强。

1.3.3.2　区间规划的技术演进

在流域管理实际中,模糊规划和随机规划模型解决流域的非线性特征时,往往很难获取到变量(参数)的概率分布或隶属度函数,并且模型算法过于复杂,多数需要解决非线性优化问题(Huang et al.,1995)。区间分析和区间数学是区间优化模型的理论方法基础,一般采取区间数,也即变量(参数)的上下界确定范围,来表征全部或部分参数,用于表征模型的误差和不确定性。

区间规划的相关理论始于 20 世纪中期,Moore 提出了区间数概念及区间分析方法用于解决自动控制中存在的计算误差问题,在线性规划中首次应用了区间数学的理论和方法,建立了区间线性规划(ILP)。随后区间目标规划、区间分式规划、区间整数规划和区间对偶线性规划等理论逐步提出,也逐步建立了分解算法和分支定界算法等(Charnes et al.,1976;Armstrong et al.,1979)。20 世纪 90 年代以来,Sengupta 等(2001)提出的 ILP 模型中将目标函数的不确定参数设计为区间数;Tong(1994)在构建 ILP 模型中引入了 Best-and-Worst Case(BWC)算法并将所有区间参数综合考虑,获取了两个最优解;之后进一步拓展,Chinneck 等(2000)开展了决策变量的消极性及区间函数的约束性分析;Huang&Moore 创新性地提出了 ILP-灰色线性规划模型(Grey Linear Programming,GLP),给决策者在决策过程中提供了解的空间,丰富了 ILP 方法体系(Huang et al.,1993)。这种 ILP 以及考虑不确定性优化的耦合模型被广泛采用,近年来在环境保护领域取得较快的发展。2000 年前后,Huang 等建立了考虑不确定性的两阶段随机规划模型和模糊-随机规划方法,在水资源管理和市政固废管理等领域开展了广泛的应用(Lu et al.,2008;Huang et al.,2000,2001);Maqsood 等(2005)建立了确定的两阶段混合整数线性规划模型在水资源管理工作中开展了应用。在流域的水资源和水污染管控中,Zhou 等(2009)提出了强化区间(EI)不确定性理论,且给出了强化区间线性规划(EILP)的分解算法;Liu 等(2008,2011)提出了不确定性机会约束规划模型和风险显性不确定性优化模型。

关于区间优化的求解方法尚处于逐步发展的阶段,总的来说,目前区间优化的方法分为两大类。第一类方法是建立在区间序关系基础之上的,将区间整体考虑,利用定义的区间序关系(基于端点、特征量的或者概率的)方法,将其转化为确定性优化问题,进而求出一组非劣解,这类方法通常能解决多目标非线性的问题,并且区间序关系定义的同时就已经将风险考虑在模型之中,求解时一般和智能算法结合起来(姜潮,2008;巩敦卫 等,2013;Gong et al.,2010)是近几年的研究热点。这类方法在机械设计(李方义,2010;赵子衡,2012)、自动控制(孙靖,2012)等领域应用较多。但是由于序关系的定义随意性太大(姜潮,2008),加上智能算法本身的性能不能得到很好的保证,研究重点往往放在算法性能的改进上,同时因为区间优化理论的数学基础比较薄弱,虽然研究很多,但是目前各种研究没有得到较为统一的结论。

第二类方法是建立在区间数学分析的基础之上,在不定义区间序关系的前提下,或将区间优化进行分解,分解成传统意义上的优化问题,或直接利用区间运算的方法进行求解,最终求解出区间解或者确定解,同时部分求解方法会考虑决策风险。

其中将区间优化进行分解的途径有很多(Oliveira et al.,2007;Zhou et al.,2009;Suo et al.,2013;Maqsood et al.,2005),但大部分算法不能很好体现风险在优化中的作用。如前所述,NIMS算法将非线性转化为不确定性问题,这种转化对最终的精确求解是存在风险的,这种风险其实也是非线性影响的一个指标。

在众多的方法中,优化过程中考虑决策风险的算法则以风险显性区间数线性规划算法为代表。风险显性区间数线性规划算法(Risk Explicit Interval Linear Programming,REILP)是针对区间线性优化问题,引入风险函数的概念,权衡风险和目标函数之间的矛盾关系,将区间线性优化问题转化成一系列传统的非线性优化问题进行求解的算法(Zou et al.,2010a,2010b;Simic et al.,2013)。该算法中对约束的处理方式和可靠性算法的处理类似,但是REILP算法将其转化为有明确实际意义的表达式,所以更有实际意义。在其提出不到五年的时间里,已经在邛海流域规划、抚仙湖流域规划、交通工具回收利用的长期规划、固体废弃物的长期管理规划中得到应用(Simic et al.,2013;Zhang et al.,2012;Liu et al.,2011;Pei,2011)。

1.3.3.3 主要优化模型的对比与分析

对比来看,SLP与FLP因为有严格的数学理论证明(Wilson,1998),可以说是较精确的不确定性优化模型,概率分布或隶属度函数是技术核心,依据其作为模型测度进而获取最佳期望值(可能值)或其他最优解,有利于风险的决策分析。在流域管理中,面临复杂的流域非线性系统,变量(参数)的概率分布或隶属度函数通常是难以获取的,尤其是在污染控制分配领域,比如BMP技术的效率与成本系数等;此外,SLP与FLP模型的应用往往又会受到算法复杂且涉及非线性优化问题的制约(Huang et al.,1995)。相比较而言,区间线性规划及其耦合模型更为简单实用,其具有吻合目前流域管理现实条件的明显优势:①输入的变量或参数只需要确定区间范围,对于污染控制等实际问题来说容易获取;②在优化模型当中通常可以直观反映参数和决策变量的区间不确定性信息;③采取分段求解的求解算法,较模糊和随机规划的算法简单(Huang et al.,1995);④最优解一般为解区间的形式,即目标函数和决策变量的最优解以区间形式表达,为实际决策过程提供选择空间(Huang et al.,1998)。但是在实际应用中,需要研究解决如下问题。

(1)约束条件设置的偏好,会对最优解产生影响,并且需要考虑约束条件能否精确映射输入响应模拟关系。决策者对不同约束条件存在偏好,而模型最优解随着决策者对约束条件偏好的不同而产生变化(陈星 等,2012)。在流域污染控制规划的优化模型构建中,通常需要把流域负荷和水质标准链接作为约束,而不同的决策者经常存在不同的约束条件偏好,比如采取水环境容量的约束(周丰 等,2008),但对如何获取约束条件以及获取约束条件的依据不足,采取简单计算或者经验判断的形式容易造成模拟精度的损失。建立科学合理的污染源-水质响应模拟约束才是关键。基于此,本研究拟采用的源解析技术,恰好是获取这种约束条件的有效工具。

（2）流域系统不确定性的重视以及考虑科学的决策风险。流域污染控制实施过程中，涵盖大量不确定性信息，污染源-水质响应的模拟模型以及优化模型涉及大量参数和数据，受限于数据获得水平和认知水平，不确定性必然存在。改进的直接源解析方法，虽然能给出精确的约束，但是因为水质模型有不确定性和非线性，所以单一的源解析系数得到的优化模型，也会有较强的不确定性。本研究提出，在考虑风险-收益的权衡构建了风险显性区间数线性规划模型的基础上，进一步考虑直接源解析的不确定性，采用拉丁超立方等采样的方法，获取区间数的源解析系数，和线性规划耦合，综合构建 REILP 模型，形成 REILP 和源解析的耦合模型，进行不确定性条件的规划。

1.4　研究内容与技术路线

1.4.1　研究目标

以科学、精准、高效地实施流域污染源调控为目的，识别流域系统中污染物迁移转化的非线性响应特征，针对当前流域污染源解析、调控优化、不确定性研究等现行方法中的计算效率以及与水质目标链接不强的问题，构建改进的污染源解析模型和改进的调控优化模型。主要研究目标如下。

突破传统污染源解析技术，建立流域污染控制与水质目标的直接数值关联。基于水质目标管理，以污染源与水质的定量响应关系为基础，通过模型建设构建定量、高效的直接源解析技术，解析流域污染源对水质污染的直接贡献，构建污染源与水质的直接响应关系，直接、简便、高效地理清污染源与水体水质的直接关系，解决污染源解析普遍使用的扰动法的效率与精度问题。

建设链接污染源数值解析的优化的精准高效调控方法，解决模拟-优化耦合模型的计算效率不高的问题。改进线性规划模型中，水质与污染源关联的部分，研究提升优化效率。以直接源解析为核心，推导优化模型的约束条件，构建流域模拟-优化耦合模型，实现污染源和水质的直接响应，提高流域调控优化效率。开展不确定性研究，与直接源解析的耦合，使得约束条件的构造有效和可靠，改进风险显性区间数线性规划（REILP）的方法，来解决不确定性条件下的优化问题。

综合构建以流域直接源解析和不确定性优化为核心的流域污染精准调控控制体系，支撑流域管理中高效精确的识别污染成因，能基于水质目标高效并科学地实施污染治理措施优化，形成支撑流域污染控制高效的关键技术。

1.4.2　研究内容

1.4.2.1　流域高效污染源解析技术(DST)构建

流域精准、高效调控需要明确污染源-水质的输入响应关系,需要精准、高效解析污染源对水体水质影响。研究中突破传统的源解析方法的计算效率和迭代误差的问题,建立了一种计算高效、解析直接的流域污染源解析方法,为与传统污染源解析方法区别,在本书中通常简称为直接源解析或数值源解析。

传统的源解析方法,例如扰动法,一般是在水质模型校验完成之后,每次在模型中去除一个污染源,然后运行模拟,并把结果和基线结果比较,得到该污染源的贡献。每个污染源需要扰动计算一次,计算效率低,同时系统误差在扰动计算中逐步叠加。

直接源解析的关键是在解析模型中直接建立污染源与水体的响应关系式,将污染源控制变量写进方程,采用对水质模型的微分方程直接对于每个污染负荷再微分,形成新的微分方程再来求解,在水质控制方程中将每个水质变量的控制偏微分方程转化为多个偏微分方程,以每个偏微分方程对应一个源解析变量形式,然后和水动力模型联立求解,获取源解析系数,直接计算每个源对不同时空的水质的贡献。基于此,综合构建解析污染源-水质输入响应关系的模型方法,形成流域直接源解析模型,实现了通过一次模拟,获取所有污染源在水体中不同时空中的贡献比例。

1.4.2.2　基于水质目标的流域-水体污染源数值解析技术体系研究

基于水质目标管理,实施流域的精准、科学、依法治污,需要针对流域污染控制的"陆域-水体-污染管控"等非线性响应过程,建立流域汇水范围内(陆域)的污染源与湖泊水环境质量的关联关系,同时还需要吻合污染管控中的管理实际,即当前流域污染分区、分级管控等管理体系。

为了实现上述目的,本部分内容以陆域的污染负荷模型为基础建立流域-水体的陆域污染源负荷解析模型;为降低流域的非线性特征并吻合流域管控实际思路,将流域污染控制的分区、分级的管理思路与数值模型SWAT计算的精细化方法进行了融合,计算湖泊子流域污染负荷数值解析和对入湖河口污染负荷的贡献;将模拟计算结果转化为基础数据,作为湖泊流域的湖体直接源解析模型输入边界。进一步耦合湖体直接源解析模型,实现各子单元的污染负荷与对各水体断面不同时间节点的污染物贡献率的计算,突破传统污染源解析方法的效率和准确性的问题,建立了陆域污染源与水体水质的直接响应关系,形成基于水质目标的湖泊流域污染源数值解析技术体系,并开展响应案例研究。

1.4.2.3　基于污染源数值解析的不确定性风险线性高效优化控制模型研究

由于流域系统的复杂性,通过模拟模型求解之后的输入响应的非线性关系,给方案优化带来了较大困难。基于直接源解析技术能准确反映输入-响应关系,其结果易于线性化并使优化模型的约束条件易于计算。

基于直接源解析模型结果,开展了削减方案情景设计,将直接源解析转化为线性约束条件,开展基准情景分析,分析了污染源削减与水质响应的非线性特征,验证直接源解析结果的有效性。分析流域污染控制中参数不确定性信息,采用拉丁超立方的方法开展了参数的不确定性分析,解析不确定性参数、区间范围。

依据解析的流域污染控制过程中的不确定性条件,构建不确定性参数,以突破不确定性优化模型的局限性为目的,对传统方法的模拟耦合条件进行改进,以直接源解析为核心改进优化模型的约束条件部分和优化模型与水质目标的关联部分,改进了线性规划模型中水质与污染源关联部分,实现与直接源解析的耦合,建立了风险显性区间数线性规划的方法(DST-REILP),实现污染源调控和水质的直接响应,建立 DST-REILP 模型,即耦合直接源解析的风险显性区间数规划模型。在案例区内,采用改进的风险显性区间数线性规划模型方法,评估了不确定性对管理决策的影响,支持制定更加合理可行的污染负荷削减方案,突破了不确定性条件下基于水质目标实施流域污染源管控优化的技术难题。

1.4.3   技术路线

本研究是基于流域系统的非线性特征,识别流域水体系统的输入响应关系,建立污染源与水质的解析关系,以此开展流域精准调控体系的优化和建设,整体上形成一套流域直接污染源解析和精准调控的不确定性优化模型体系。具体内容如下。

识别流域系统的"陆域-水体-污染管控"等过程的非线性响应和不确定特征,量化流域污染源-水质的直接响应关系,构建陆域污染负荷模型、湖体直接源解析模型,并同流域分级、分区管理模式结合,形成直接源解析模型,实现直接解析污染源-水质响应关系,整体构建并形成流域-水体污染源数值解析(直接源解析 DST)的模型。

基于湖泊流域数值源解析模型,构建基于水质目标的污染源精准调控优化方法。开展削减方案情景设计,分析污染源削减与水质响应的非线性特征,并采用拉丁超立方的方法开展了参数的不确定性分析;进一步地,以直接源解析为核心改进优化模型的约束条件部分和优化模型与水质目标的关联部分,改进了线性规划模型中水质与污染源关联部分,实现与直接源解析的耦合,建立了风险显性区间数线性规划的方法(DST-REILP)。

采用改进的风险显性区间数线性规划模型方法,评估了不确定性对管理决策的影响,支持制定更加合理可行的污染负荷削减方案,综合构建形成基于直接源解析与不确定性优化的流域污染控制高效优化方法体系,突破了不确定性条件下基于水质目标实施流域污染源管控优化的技术难题。

本研究的技术路线如图 1.1 所示。

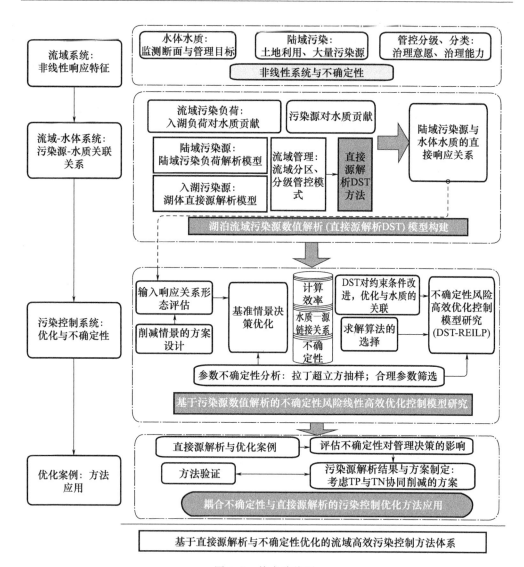

图 1.1 技术路线图

第2章　基于污染源解析与优化调控的流域精准调控方法

2.1　研究方法

　　流域污染精准调控,涉及三个部分,包括流域陆域的污染源、流域水体水质和流域的污染控制措施。实现流域的污染源高效、精准的管控,或者说实施流域的水质目标管理,就要解决当前技术的难点,即如何在流域管控过程中有效地链接水质,又或者链接污染管控对水质的改善效益。简单来说,高效的流域管控其实是实现以最小的污染削减获取最大水质改善,这要求管控对象正确并且管控措施高效,而这里的技术核心与基础是污染源解析,见图2.1。

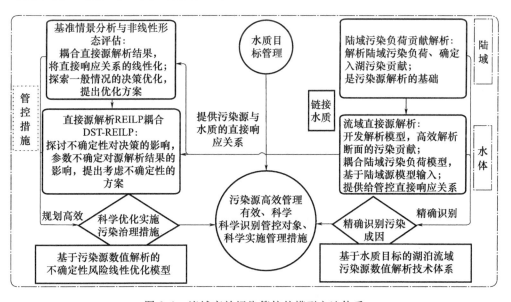

图2.1　流域高效污染管控的模型方法体系

　　因此,流域精准调控包括两大部分一个核心:两大部分中一是精确地识别污染问题成因,理清治理对象;二是科学、精准地优化污染治理措施,算清如何治理。而一个核心是流域污染源对水质贡献的解析,简称污染源解析。这是解决水质目标管理的难点,需要解决如何在流域污染精准调控中链接水质关系。如前所述,当前污染源解析的技术主要是以扰动法等为核心的技术,在解析精度和效率存在较大的问题,鲜有专项研究的突破,而本研究则是在成熟模型的基础上开发了污染源解析模型,形成了一次计算获取所有污染源时空贡献的技术方法,相比较污染源扰动法解析,称之为污染源直接解析,简称直接源解析。

核心技术的第一部分,为了识别水体污染的成因,就要开展陆域和水体两部分模拟,并进行陆域污染负荷模型与水体模型耦合,才能解析到陆域污染源,构建陆域污染源与水体水质的直接响应关系。这里既要开展精确的流域陆域污染负荷和入湖污染贡献的模拟计算,建立好陆域管理的基础,也要开展水体模型的模拟,耦合陆域模型的输入,以直接源解析为核心,识别污染源对水体水质的贡献。这里在两套模型耦合的基础上,形成了基于水质目标的流域负荷解析与湖体直接源解析模型。

两大部分中的第二部分,为了让污染管控措施更加有效,就要实施有效的优化,这里的关键是要与水体水质进行良好的衔接。因此,基于直接源解析的构建,依照线性优化模型要求,将直接源解析转化为模型中的目标或约束条件,在基于直接源解析模型结果的基础之上,构建湖泊流域污染负荷削减优化的线性模型,构建衔接直接响应关系的污染控制优化方法(DST-LP)。同时,依据解析过程中的不确定性条件,构建污染控制规划的不确定性参数,对传统方法的模拟耦合条件进行改进,建立 DST-REILP 模型,即耦合直接源解析的风险显性区间数规划模型。整体上,构建了基于直接源解析的污染削减优化模型。

总体来看,技术上形成了"流域管控—基于水质目标管理—污染源解析—精准调控优化"的技术链,开发建设了基于水质目标的流域负荷解析与流域直接源解析模型,与基于直接源解析的污染精准调控优化模型,实现了流域污染源负荷解析、流域水体水质模型以及流域管控措施优化模型的耦合计算,实现流域的精准、科学、高效调控。

2.2　流域污染源解析(直接源解析)模型构建

2.2.1　模型构建技术流程

本部分研究以提高流域污染源精准调控效率为目标,建立了流域直接源解析模型,并耦合陆域污染源负荷解析模型,整体建立了流域-水体污染源数值解析模型,建立流域污染源与水体水质贡献的解析方法。

以建立水体污染负荷输入与监测点位水质的直接数值响应关系为目标,构建了湖体直接源解析模型。为计算入湖污染对湖体水质的污染贡献率,为突破传统扰动法等污染源解析模型的效率以及精度的问题,以 EFDC 为内核进行改进,以每个偏微分方程对应一个源解析变量,形成了一系列污染源解析状态变量的控制方程,耦合水动力方程,获取源解析系数,直接计算每个源对每个时空点的水质贡献,实现了通过一次模拟,获取所有源在水体中不同时空中的贡献比例。直接源解析模型相比传统扰动、迭代等数值计算方法实现了一次计算解析所有污染源的贡献,同时又避免了扰动或者试算过程中水体水质的非线性响应带来的误差,实现了污染源解析的高效与精确。

为研究陆域污染源对湖体输入的直接关系,构建湖泊流域的陆域污染源负荷解析模型。采用 SWAT 模型为基准建立湖泊流域的陆域污染源负荷解析模型;为降低流域的非线性特征并吻合流域管控实际思路,将流域污染控制的分区、分级的管理思路与数值模型 SWAT 计算的精细化方法进行了融合,计算湖泊子流域污染负荷数值解析和对入湖河口污染负荷的贡献;将模拟计算结果转化为基础数据,作为湖泊流域的湖体直接源解析模型输入边界。

进一步与湖体直接源解析模型耦合,形成了流域控制子单元调控-陆域污染源负荷解析-湖体直接源解析的耦合模型,既可以准确量化流域内污染源对湖体不同断面水环境质量的贡献率,又可以计算污染源削减、控制措施对湖体水质改善的程度,并且突破传统污染源解析方法的效率和准确性的问题,建立了陆域污染源与水体水质的直接响应关系,实现了基于水质目标对湖泊流域污染源对水体水质贡献的高效解析。湖泊流域污染源数值解析模型构建具体步骤见图 2.2。

2.2.2　陆域污染源负荷解析模型

流域汇水范围内(陆域)的污染负荷状况与水体水环境质量息息相关。理清陆域污染源-水体的输入输出的污染负荷贡献关系,是实现流域-水体污染源解析的基础。本研究以陆域的污染负荷模型为基础,融合流域的分级、分类管控思路,划分流域的陆域控制子单元,实施陆域污染源的分区分级管控。以陆域污染源数值解析和入湖河流污染负荷贡献计算为目标,采用的成熟模型 SWAT 建立了湖泊流域的陆域污染源负荷解析模型,并将流域污染控制的分区、分级的管理思路与数值模型 SWAT 计算的精细化方法进行了融合,综合构建了陆域输入-输出动态响应数值计算模型。

基于水质目标的要求和成熟流域模型 SWAT 建立了流域的陆域污染源负荷解析模型,核算各污染源对入湖河口的负荷贡献关系,为水体污染源解析模型提供基础,提供各入湖排污口的污染负荷贡献。基于陆域污染的汇流关系,将陆域划分流域控制单元,将模拟计算结果细化为控制单元污染排放基础数据;基于流域分区体系,将陆域污染控制措施进行分类、分级。以上将流域污染控制的分区、分级的管理思路与数值模型 SWAT 计算的精细化方法进行了融合,实现了基于水质目标的 SWAT 模型建立,并以此等作为水体直接源解析模型输入边界,实现陆域和湖体计算模型与管理措施的耦合。

整体上,通过了污染源与管控措施的分级划分可以融合管理与污染负荷核算,通过数值计算两者之间的输入-输出动态响应关系,可以准确量化湖泊流域污染源对入湖河口污染负荷的贡献率,整体上实现了污染源削减、控制措施的一体化整合。

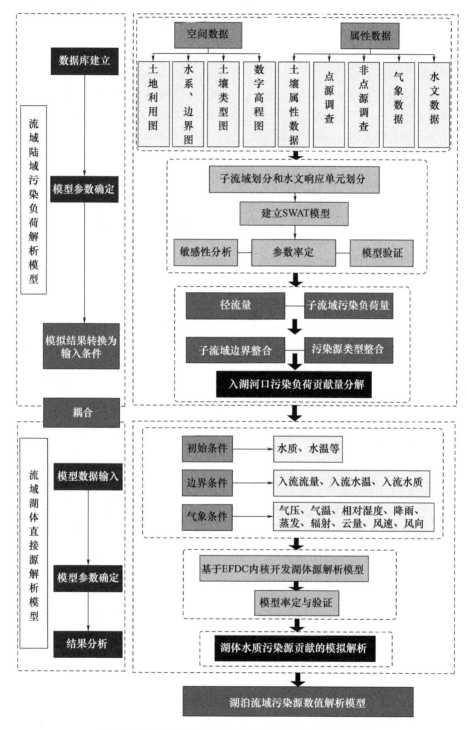

图 2.2 湖泊流域污染源数值解析模型构建的技术路线

2.2.2.1 SWAT 模型基础建立

1. 空间数据库建立

模型构建的空间数据库有数字高程模型(DEM)、土地利用类型图、土壤类型图、河网水系图。所有空间地图的投影、坐标系统一设置。

2. DEM 数据

数字高程模型(DEM)主要用于提取河网、界定流域或者子流域边界、划分水文响应单元等,是流域下垫面高低变化情况的主要数据。通过 DEM 数据计算流域产汇流所涉及的单元坡面信息和沟道信息,将沟道河段逐级汇合,形成全流域河网系统。根据河网将坡面组合成单元流域,单元流域随河网汇合形成支流流域,支流进一步汇合形成全流域,从而完成流域汇水单元划分,是流域模型运行、河网生成的基本条件。

3. 土地利用数据

基于对降雨、蒸发和径流等过程的影响,土地利用影响了污染物地表迁移的过程,从而影响了流域水资源及水生态环境,土地利用是计算面源负荷的重要数据。本研究土地利用数据来源于 2014 年农村土地调查数据库。根据土地利用分类系统对土地利用类型进行编码,将土地利用类型以 ID 字段为值(Value)转化为 Grid 格式,建立 landuse 查找表文件(表 2.1),基于对应表对土地利用属性表进行代码转换和属性的赋值,将土地利用数据重新分类,得到湖泊流域模型模拟的土地利用图。

表 2.1 流域土地利用类型与 SWAT 模型代码对应表

原分类		重分类	
编码	名称	SWAT 中类别	SWAT 中代码
1	林地	Forest-Mixed	FRSD
2	水域	Water	WATR
3	耕地	Agricultural Land Generic	AGRL
4	草地	Pasture	PAST
5	城乡、工矿、居民用地等	Residential	URBN

4. 土壤类型数据

土壤数据通常采用联合国粮农组织(FAO)构建的 1:100 万 HWSD 数据库中的数据。采用 ArcGIS 等工具,根据流域边界对土壤空间矢量数据进行裁剪,以土壤类型代码为值进一步处理成 Grid 格式,并建立 soil 查找表文件。土壤类型和重新分类后的类型对应关系见表 2.2。与土地利用类型图相似,输入 SWAT 模型中进行重分类,将图层属性对应匹配以数字代码替换,进行属性的赋值,最终得到湖泊流域模型模拟输入的土壤类型及分布。

表 2.2　流域土壤类型和代码

值	FAO1990 土壤分类系统	SWAT 中代码	中国土壤分类系统
11842	Haplic Alisols	ALH	麻砂泥暗黄棕壤
11825	Alumi-Ferric Alisols	ALF	黄砂泥黄红壤
11805	Alumi-Haplic Acrisols	ACH	麻砂泥棕红壤
11495	Aric-Calcaric Fluvisols	FLC	石灰性冲积土
11368	Haplic Luvisols	LVH	幼年棕色石灰土
11876	Eutric Planosols	PLE	粘盘黄褐土
11927	Water	WATER	水体

土壤属性数据主要包括不同土壤类型的空间分布、物理属性（土壤含水量特征、土壤容重、沙含量、淤泥含量、黏土含量、土壤透水性等）和化学属性（土壤有机氮含量、土壤有机磷含量等）。土壤背景浓度值可参考中科院南京土壤所公布的土壤数据库相关调查数据计算得到，见表 2.3。

表 2.3　不同土壤类型背景浓度值　　　　　　　　单位：mg/kg

土壤类型	SOL_NO$_3$	SOL_ORGN	SOL_SOLP	SOL_ORGP
粘盘黄褐土	99	819	4	40.9
麻砂泥暗黄棕壤	304	2736	24	136.8
黄砂泥黄红壤	61	549	2	27.5
麻砂泥棕红壤	65	585	4	29.3
石灰性冲积土	94	846	6	42.3
幼年棕色石灰土	113	1017	5	50.8

5. 河网水系图

由于模型河网参数设置的不同，模型提取的河网水系也不同。在湖泊流域负荷模型的建立过程中，通常对流域主要河流进行事先的矢量化并加入 SWAT 模型中，对模型提取的河网水系进行校正，以保证 SWAT 模型模拟结果的准确度。

6. 气象数据库

在流域营养物质循环以及水文、污染物迁移转化等过程中，气象因素具有重要作用。降雨、气温、风速、湿度和太阳辐射量等条件的不同，流域系统中污染物质的迁移转化速率等参数明显不同。模拟计算中采用的气象数据主要包括最高气温、最低气温、单位时间平均气温、单位时间平均相对湿度、降水量、单位时间平均风速等。将温度、降水、风速、相对湿度、太阳辐射量五类数据按照 SWAT 模型的要求进行编制并输入模型。

2.2.2.2　流域计算子单元划分

流域通常污染源众多，在模拟优化计算中，非线性强度较大；管理部门在污染源管理中,通常又会实施分类管理,分类制定排放标准或者污染防治工程,并非逐个制定治理方案。为有利于流域污染负荷控制的模拟优化并与当地流域环境管理实际吻合,建立高效的污染管控体系,在原水文响应单元的体系下,以控制单元、管控区域等将水文响应单元合并,建立了流域控制子单元,方便问题识别,降低流域管控对象的数量,降低管控的非线性。子单元划分重要作用是建立陆域污染源-水环境质量-流域管控的输入响应关系。

划分控制子单元过程中,要关注水陆的对应关系,以水体与控制单元为核心,统筹陆域污染源、排污口等各类要素。控制子单元以管控特征、水体功能分区或者控制断面为控制节点,整体保证主要河道分属一个子单元。

子单元控制的划分遵循以下原则:细化环境问题、分解水环境目标、吻合污染源管控分类、根据湖泊流域问题特征进一步分割,考虑到管理的方便和汇水区域的完整性,不宜太粗也不宜太细。

从技术程序上讲,按照划分范围确定—数据汇总—水域概化—水文响应单元划分—分类与筛选—区县排污去向确定—控制单元划分的顺序进行控制子单元划分。

控制子单元划分基本流程见图 2.3。

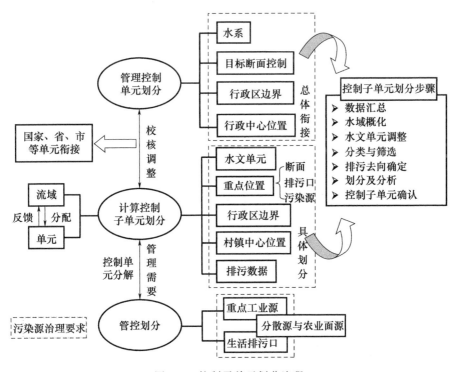

图 2.3　控制子单元划分流程

2.2.2.3 污染源分级分区管控

 流域内污染源类型与数量众多,实施污染源一一解析,进行污染源逐一治理优化,工作量巨大,非线性问题成级数上升,现有技术很难开展流域全部污染源一一对应的源解析、优化治理分析。另外,因为污染治理已经取得一定成效,重点污染源治理已经有了阶段性的进展,管理部门通常会根据污染源治理的特点实施分区分类治理,将同一类点源或者分散源,依照工程措施类别分类、整合,采取同一个工程开展,比如,农村生活废水治理时通常将同一个镇(县)的村庄打包开展污水治理设施建设,而不是逐个分散工程分别开展。

 依据湖泊流域控制子单元划分结果,采取分级分类的管控模式,根据当地治理意愿以及治理潜力,区分污染源治理的难易,根据治理方案和当地治理意愿,同一类治理措施的污染源根据控制子单元的划分将污染源整合,既有利于吻合当前流域控制单元的分区管理思路及当地污染控制实际,又使模拟优化方法容易实现,并且跟现实结合更紧密,同时有利于管理人员理解复杂的污染源数值计算结果,也有利于管理部门厘清管控思路。

 根据现阶段湖泊流域污染治理的特征与管控实际,污染源类型主要包括城镇生活、工业、规模化畜禽、面源四大类。涉及城镇污水处理厂的管网铺设工程、提标改造工程、工业污染排放标准提高、规模化畜禽养殖完善治理、农村生活的连片污水收集与治理、化肥农药减少施用等。根据污染类型、治理措施、治理类型进行分级管控,结合子单元划分进行分区管控,整体实现流域污染的分级、分区管控的方案。湖泊流域主要污染源分类及其治理措施如表2.4所示。

表 2.4 湖泊流域主要污染源分类及其治理措施

序号	类型	治理措施	治理类型
1	城镇生活	提标改造(有管网)	提标改造
2		增加污水收集(无管网)	管网收集
3		新建处理设施	新建污水厂
4	工业	工业治理	建设治理设施
5		提高标准	提高排放标准
6		结构减排	取缔企业
7	规模化畜禽	规模化畜禽养殖治理	规模化畜禽治理
8		结构减排	取缔养殖企业
9	面源	连片整治	农村连片治理
10		农业施肥	化肥减施
11		土壤背景治理	本地贡献控制

2.2.2.4　SWAT 模型参数率定与验证

首先,将流域气象站点的气象数据作为模型驱动数据,同时利用流域入湖口流量站的河流流量监测数据作为模型验证数据对参数进行率定,利用流量数据进行模型验证。选用 Nash-Sutcliffe 效率系数 E_{ns} 和确定系数 R^2 为模型率定标准,其表达式如下:

$$E_{ns} = 1 - \frac{\sum_{i=1}^{n}(Q_{obs} - Q_{sim})^2}{\sum_{i=1}^{n}(Q_{obs} - Q_{avg})^2} \tag{2.1}$$

$$R^2 = \left(\frac{\sum_{i=1}^{n}(Q_{obs} - Q_{avg})(Q_{obs} - \overline{Q_{sim}})}{\left(\sqrt{\sum_{i=1}^{n}(Q_{obs} - Q_{avg})^2 \sum_{i=1}^{n}(Q_{sim} - \overline{Q_{sim}})^2} \right)} \right)^2 \tag{2.2}$$

式中,Q_{obs} 为观测值,Q_{sim} 为模拟值,Q_{avg} 为观测平均值,$\overline{Q_{sim}}$ 为模拟平均值。E_{ns} 与 R^2 在 $\leqslant 1$ 的范围内,值越大表明模型模拟结果越好。本模型利用 SWAT-CUP 软件对模型进行参数优选,通过 LHS-OAT(Latin Hyper-cube Sampling One factor At a Time)方法进行参数敏感性分析,选出对模型结果敏感的参数进行自动参数率定。

2.2.3　流域-水体直接源解析模型构建

2.2.3.1　目标

为了服务湖泊水环境管理,围绕建立污染源与水体水质之间的定量响应关系,基于定量响应关系构建直接源解析模型,实现快速高效地解析流域内污染源对水体水质的贡献。

2.2.3.2　计算思路

直接源解析方法是相比较传统的扰动法源解析提出的,传统的扰动法源解析是在水质模型检验完成之后,每次在模型中去除一种污染源,然后运行模拟,并把结果和基线结果比较,得到该污染源的贡献。本研究采用的直接源解析的关键是基于水质模型的微分方程直接对每个污染负荷再微分,形成新的微分方程再来求解,将原来的一个微分方程变成几十个上百个微分方程,然后和水动力模型联立,获取源解析系数,即可直接计算每个源对每个时空点的水质的贡献,综合构建形成污染源-水质的高效直接输入响应技术,从而通过一次模拟,获取所有源在水体中任何时空点的贡献比例。

直接源解析模型由水动力模块、水质模块和直接源解析模块组成,以水质水动力模型 EFDC 的水动力模块为载体,设计内部计算模块架构,实现湖泊/水库/河流的通用水质模拟与直接源解析。可以同时模拟多种常规污染物指标,例如 TN、TP、COD 等在水体中的 1-,2-,或 3 维迁移与一阶降解与沉降过程;直接源解析模块可以与水动力和水质模块耦合,直接定量化源与水质的响应关系。

2.2.3.3 直接源解析构建技术路线

本次研究基于三维水动力水质模型 EFDC 构建了直接源解析技术方法,模型构建包括三个部分,即水动力、水质模型和直接源解析三个模块。

水动力子模型主要经模拟计算为水质模块提供流场和温度场。流场、温度场的计算时间步长根据计算稳定性确定,一般为秒到分钟的范围之内;输出结果的频率则可由使用者指定,一般为小时到天的范围之内。

水质子模型利用边界条件和水动力模块提供的流场、温度场计算水体水质的时空分布。水质模块的模拟指标为多种污染物,例如 TN、TP、COD 和氨氮等。水质模拟计算的时间步长与水动力模型一致,形成紧密的内部耦合计算系统。水质、水动力子模型间紧密耦合,并可灵活地模拟具有 1 -,2 -,或 3 维空间解析度的水流水温与水质时空场。

直接源解析的基本思路是通过水质模块控制方程对污染源进行微分求导,将每个水质变量的控制偏微分方程转化为多个偏微分方程,每个偏微分方程对应于一个源解析变量,从而形成一系列源解析状态变量的控制方程系统,并在水动力模型与水质模型的驱动下,求解相应的偏微分方程,从而通过一次模拟,获取所有源在水体中任何时空点的贡献比例。

本研究采用的直接源解析的技术路线如图 2.4 所示,主要包括结合流域污染源边界,分别构建以 EFDC 为内核的模拟方程和污染源负荷水质方程,两者耦合构建流域污染直接源解析方法,形成输入响应的直接关系函数。

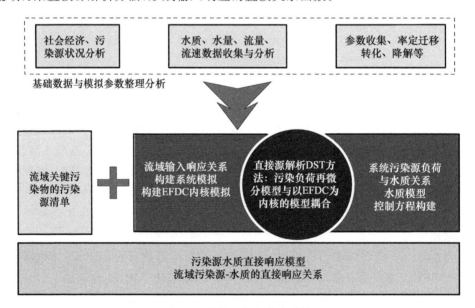

图 2.4 直接源解析技术路线

2.2.3.4　直接源解析模块设计与计算方程

（1）水动力子模型

直接源解析方法需要了解并预测环境中流体的流动过程与流体中溶解、悬浮物质在三维空间的迁移、混合过程，就需要定量地描述研究水体的环境流体动力学特征。这些流体垂直方向具有边界层特征，同时流体静力学特征非常明显。只有对运动方程组与迁移方程组（用来描述溶解、悬浮物质的迁移、混合过程）求数值解才能对这些流体进行实际模拟。

环境流体（具有水平尺度特征且水平比垂向有更大的尺度值）控制方程组采用不可压缩、密度可变流体的湍流运动方程组这一形式，且在垂直方向具备流体静力学和边界层特征。为更加符合现实的水平边界特征，在此引入水平的曲线正交坐标系对方程组进行转换。同时，为了在垂直方向或重力矢量方向实现均匀的以水底地形和自由表面为边界的分层，需要对垂直坐标进行拉伸变换如下：

$$z = (z^* + h)/(\zeta + h) \tag{2.3}$$

式中，$*$ 代表最初的物理纵坐标，h 和 ζ 分别表示水底地形与自由表面在物理坐标系中的纵坐标。

对湍流运动方程组（具有垂向流体静力学的边界层）进行变换，同时对可变密度取布辛涅斯克近似（Boussinesq Approximation），可以导出动量与连续性方程组以及盐度、温度的迁移方程组：

$$\partial_t (mHu) + \partial_x (m_y Huu) + \partial_y (m_x Hvu) + \partial_z (mwu) - (mf + v\partial_x m_y - u\partial_y m_x)Hv$$
$$= -m_y H \partial_x (g\zeta + p) - m_y (\partial_x h - z\partial_x H)\partial_z p + \partial_z (mH^{-1}A_v\partial_z u) + Q_u \tag{2.4}$$

$$\partial_t (mHv) + \partial_x (m_y Huv) + \partial_y (m_x Hvv) + \partial_z (mwv) + (mf + v\partial_x m_y - u\partial_y m_x)Hu$$
$$= -m_x H \partial_y (g\zeta + p) - m_x (\partial_y h - z\partial_y H)\partial_z p + \partial_z (mH^{-1}A_v\partial_z v) + Q_v \tag{2.5}$$

$$\partial_z p = -gH(\rho - \rho_0)\rho_0^{-1} = -gHb \tag{2.6}$$

$$\partial_t (m\zeta) + \partial_x (m_y Hu) + \partial_y (m_x Hv) + \partial_z (mw) = 0 \tag{2.7}$$

$$\partial_t (m\zeta) + \partial_x \left(m_y H \int_0^1 u\,\mathrm{d}z\right) + \partial_y \left(m_x H \int_0^1 v\,\mathrm{d}z\right) = 0 \tag{2.8}$$

$$\rho = \rho(p, S, T) \tag{2.9}$$

$$\partial_t (mHS) + \partial_x (m_y HuS) + \partial_y (m_x HvS) + \partial_z (mwS) = \partial_z (mH^{-1}A_b\partial_z S) + Q_S \tag{2.10}$$

$$\partial_t (mHT) + \partial_x (m_y HuT) + \partial_y (m_x HvT) + \partial_z (mwT) = \partial_z (mH^{-1}A_b\partial_z T) + Q_T \tag{2.11}$$

式中，u、v 分别表示在曲线正交坐标系中水平速度沿 x、y 方向的分量，m_x、m_y 分别表示度量张量沿对角线方向的分量的平方根值。$m = m_x \cdot m_y$ 构成了雅克比行列式或是由度量张量的平方根值所形成的行列式。在经过拉伸的、无量纲的纵轴上，用 w 来表示带有物理单位的垂向速度，w 与物理垂向速度之间的关系表示如下：

$$w = w^* - z(\partial_t\zeta + um_y^{-1}\partial_x\zeta + vm_y^{-1}\partial_y\zeta) + (1-z)(um_x^{-1}\partial_x h + vm_y^{-1}\partial_y h) \qquad (2.12)$$

总深度 $H(H=\zeta+h)$ 表示相对于物理垂向坐标原点(用 $z^*=0$ 来表示)水底位移与自由表面位移的总和。压强 p 代表实际压强减去参考密度所形成的流体静力学压强($\rho_0 g H(1-z)$)之后,再除以参考密度(ρ_0)所形成的物理量。

动量方程组(2.4)和(2.5)中,f 是科氏力参数,A_v 指垂向湍流或称涡流粘度,Q_u 与 Q_v 是动量源、汇项,将以亚网格尺度的水平扩散模型表达。对于液态流体来讲,密度 ρ 是温度 T 和盐度 S 的函数。

式(2.6)中所定义的浮力 b 是密度相对于参考值的差异进行归一化后所得到的数值。对连续性方程式(2.7)在 z 方向上从 0 到 1 积分即可得到对深度积分的连续性方程式(2.8)。此积分的垂向边界条件为 $w=0, z\in(0,1)$,该条件源于动能条件和方程式(2.12)。

在盐度与温度迁移方程组(2.10)和(2.11)中,源、汇项 Q_s 与 Q_d 包含了亚网格尺度的水平扩散过程以及热源、汇等,而 A_b 则代表垂向湍流扩散率。值得注意的是,如果将自由表面位置固定,则整个方程组就等价于刚性表面海洋环流的方程组,这与 Clark 用来模拟中尺度气态流体运动过程的地形跟踪方程组相似。

当垂向湍流粘度与扩散率以及源、汇项等已知时,式(2.4)~(2.11)就构成了以 u、v、w、p、ζ、ρ、S、T 这 8 个变量为未知数的方程组。为了求解垂向湍流粘度与扩散系数,需要运用 2.5 阶矩湍流闭合模型,该模型由 Mellor 和 Yamada 首创,并由 Galperin 等人进行了改进。该模型使得垂向湍流粘度和扩散率与湍流强度(q),湍流长度尺度(l),以及理查森数(R_q)形成如下的关系方程组:

$$A_v = \phi_v q l = 0.4\ (l+36R_q)^{-1}(l+6R_q)^{-1}(l+8R_q)^{-1}ql \qquad (2.13)$$

$$A_b = \phi_b q l = 0.5\ (l+36R_q)^{-1}ql \qquad (2.14)$$

$$R_q = \frac{gH\partial_z b}{q^2}\frac{l^2}{H^2} \qquad (2.15)$$

式中,稳定函数 ϕ_v 与 ϕ_b 分别用来描述垂向混合与迁移过程的弱化和强化因子(特指分别存在稳定与不稳定垂向密度分层的环境中)。通过求解如下的一对迁移方程式获得湍流强度与湍流长度尺度:

$$\partial_t(mHq^2) + \partial_x(m_yHuq^2) + \partial_y(m_xHvq^2) + \partial_z(mwq^2) = \partial_z(mH^{-1}A_q\partial_z q^2) + Q_q + 2mH^{-1}A_v((\partial_z u)^2 + (\partial_z v)^2) + 2mgA_b\partial_z b - 2mH\ (B_1)^{-1}q^3$$

$$\partial_t(mHq^2 l) + \partial_x(m_yHuq^2 l) + \partial_y(m_xHvq^2 l) + \partial_z(mwq^2 l) = \partial_z(mH^{-1}A_q\partial_z q^2 l) + Q_l + mH^{-1}E_1 lA_v((\partial_z u)^2 + (\partial_z v)^2) + mgE_1 E_3 lA_b\partial_z b - mHB_1^{-1}q^3(1+E_2\ (\kappa L)^{-2}l^2)$$

$$(2.16)$$

$$L^{-1} = H^{-1}(z^{-1} + (1-z)^{-1}) \qquad (2.17)$$

式中,B_1、E_1、E_2、E_3 均是经验常数,Q_q 与 Q_l 是用来描述诸如亚格尺度的水平扩散过程的附加源、汇项。垂向扩散率 A_q 一般来说与垂向湍流粘度 A_v 相等。

（2）水质子模型

流域直接源解析系统的水质模块采用沉降和一阶降解两个过程描述,主要用于 TN、TP、COD、氨氮等污染物的模拟。

每个水质状态变量的质量守恒方程可以表示为:

$$\frac{\partial(m_x m_y HC)}{\partial t} + \frac{\partial}{\partial x}(m_y HuC) + \frac{\partial}{\partial y}(m_x m_y wC)$$

$$= \frac{\partial}{\partial x}\left(\frac{m_y HA_x}{m_x}\frac{\partial C}{\partial x}\right) + \frac{\partial}{\partial y}\left(\frac{m_x HA_y}{m_y}\frac{\partial C}{\partial y}\right) + \frac{\partial}{\partial z}\left(m_x m_y \frac{A_z}{H}\frac{\partial C}{\partial z}\right) + m_x m_y Ws\frac{\partial C}{\partial s} + S_c$$

$$(2.18)$$

式中,C 为水质状态变量浓度;u，v，w 为曲线正交坐标系下 X 轴,Y 轴和 Z 轴方向的速度分量;A_x，A_y，A_z 为湍流在相同坐标系下 X 轴,Y 轴和 Z 轴方向的扩散系数;Ws 为物质沉降系数($\mathrm{m^{-1}}$);S_c 为单位体积物质一阶降解和源和汇项;H 为水深(m);m_x，m_y 为平面曲线坐标标度因子。

式(2.18)左边 3 项表示对流输送,右边前 3 项表示扩散输送;这 6 项物理输送与水动力模型中盐的物料平衡方程相似,因此,计算方法也是相同的。式(2.18)中的右边最后一项代表每个状态变量的降解过程及外源负荷,其公式为:

$$S_c = -m_x m_y HKC + \sum_{i=1}^{N} P_j \qquad (2.19)$$

式中,K 为降解系数($\mathrm{d^{-1}}$);P_j 为第 j 种物质的外源负荷($\mathrm{kg/d}$)。

（3）直接源解析控制方程

本部分与水质部分都是以水动力模块为基础,计算逻辑步骤如图 2.5 所示。

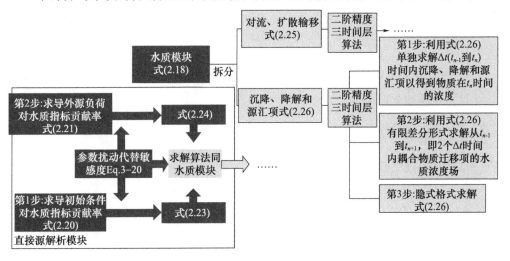

图 2.5　直接源解析算法计算步骤

源解析的第一步求导初始条件对模拟的水质指标的贡献率。以 $S_I = \dfrac{\partial C}{\partial C_0}$ 代表初始水质浓度对模拟的水质指标在任意时间和空间的贡献率,采用链式规则对式(2.18)求积分得到下式:

$$\frac{\partial}{\partial t}(m_x m_y H S_I) == -\frac{\partial}{\partial x}(m_y H u S_I) - \frac{\partial}{\partial y}(m_x H v S_I) - \frac{\partial}{\partial z}(m_x m_y w S_I) +$$
$$\frac{\partial}{\partial x}\left(\frac{m_y H A_x}{m_x}\frac{\partial S_I}{\partial x}\right) + \frac{\partial}{\partial y}\left(\frac{m_x H A_y}{m_y}\frac{\partial S_I}{\partial y}\right) + \frac{\partial}{\partial z}\left(m_x m_y \frac{A_z}{H}\frac{\partial S_I}{\partial z}\right) + \quad (2.20)$$
$$m_x m_y W_s \frac{\partial S_I}{\partial z} - m_x m_y H K S_I$$

第二步求导外源负荷对模拟的水质指标的贡献率。以 $S_i = \dfrac{\partial C}{\partial P_i}$ 代表模拟的水质浓度对外源负荷的响应,采用链式规则对式(2.18)求微分得到每个源的贡献系数,如下式所示:

$$\frac{\partial}{\partial t}(m_x m_y H S_i) = -\frac{\partial}{\partial x}(m_y H u S_i) - \frac{\partial}{\partial y}(m_x H v S_i) - \frac{\partial}{\partial z}(m_x m_y w S_i) +$$
$$\frac{\partial}{\partial x}\left(\frac{m_y H A_x}{m_x}\frac{\partial S_i}{\partial x}\right) + \frac{\partial}{\partial y}\left(\frac{m_x H A_y}{m_y}\frac{\partial S_i}{\partial y}\right) + \frac{\partial}{\partial z}\left(m_x m_y \frac{A_z}{H}\frac{\partial S_i}{\partial z}\right) + \quad (2.21)$$
$$m_x m_y W_s \frac{\partial S_i}{\partial z} - m_x m_y K S_i + P_i$$

式(2.20)和式(2.21)用于描述每个参数的敏感度。由于参数取值和对模拟结果的影响具有显著的时空分异性,模拟得到不同的参数敏感度系数可能会表现出量级上的差异,这将会导致在一些模拟中难以比较参数。当出现这种情况时,采用参数扰动来代替敏感度将会更为有效。如下式所示,设置一个参数值为 K,参数扰动为 $r = \mathrm{d}k/K$,可以得到:

$$\frac{\partial C}{\partial K} = \frac{\partial C}{K \partial r} = \frac{1}{K}\frac{\partial C}{\partial r} \quad (2.22)$$

采用 S'_I 和 S'_i 表达初始条件和每个负荷源对水质浓度的贡献,将式(2.22)代入式(2.20)、(2.21),可以得到:

$$\frac{\partial}{\partial t}(m_x m_y H S'_I) == -\frac{\partial}{\partial x}(m_y H u S'_I) - \frac{\partial}{\partial y}(m_x H v S'_I) - \frac{\partial}{\partial z}(m_x m_y w S'_I) +$$
$$\frac{\partial}{\partial x}\left(\frac{m_y H A_x}{m_x}\frac{\partial S'_I}{\partial x}\right) + \frac{\partial}{\partial y}\left(\frac{m_x H A_y}{m_y}\frac{\partial S'_I}{\partial y}\right) + \frac{\partial}{\partial z}\left(m_x m_y \frac{A_z}{H}\frac{\partial S'_I}{\partial z}\right) + \quad (2.23)$$
$$m_x m_y W_s \frac{\partial S'_I}{\partial z} - m_x m_y H K S'_I$$

$$\frac{\partial}{\partial t}(m_x m_y H S'_i) = -\frac{\partial}{\partial x}(m_y H u S'_i) - \frac{\partial}{\partial y}(m_x H v S'_i) - \frac{\partial}{\partial z}(m_x m_y w S'_i) +$$

$$\frac{\partial}{\partial x}\left(\frac{m_y H A_x}{m_x}\frac{\partial S'_i}{\partial x}\right) + \frac{\partial}{\partial y}\left(\frac{m_x H A_y}{m_y}\frac{\partial S'_i}{\partial y}\right) + \frac{\partial}{\partial z}\left(m_x m_y \frac{A_z}{H}\frac{\partial S'_i}{\partial z}\right) + \qquad (2.24)$$

$$m_x m_y W s \frac{\partial S'_i}{\partial z} - m_x m_y K S'_i + P_i$$

（4）直接源解析模块求解算法

源解析方程的求解数值算法与水质方程相同。水质质量守恒方程公式（2.18）包含对流和扩散输移，沉降、降解和源汇项。沉降、降解和源汇项与对流、扩散输移分开求解。因此，对流和扩散输移的质量守恒控制方程为：

$$\frac{\partial}{\partial t}(m_x m_y H C) = -\frac{\partial}{\partial x}(m_y H u C) - \frac{\partial}{\partial y}(m_x H v C) - \frac{\partial}{\partial z}(m_x m_y w C) +$$

$$\frac{\partial}{\partial x}\left(\frac{m_y H A_x}{m_x}\frac{\partial C}{\partial x}\right) + \frac{\partial}{\partial y}\left(\frac{m_x H A_y}{m_y}\frac{\partial C}{\partial y}\right) + \frac{\partial}{\partial z}\left(m_x m_y \frac{A_z}{H}\frac{\partial C}{\partial z}\right) \qquad (2.25)$$

沉降、源汇项的质量守恒控制方程为：

$$\frac{\partial m_x m_y H C}{\partial t} = -m_x m_y W s \frac{\partial C}{\partial z} - m_x m_y H K C + \sum_{i=1}^{N} P_j \qquad (2.26)$$

对流和扩散输移与水动力模型中盐的质量守恒方程相似，因此，计算方法也是相同的。式（2.25）、（2.26）采用二阶精度、三时间层的分步算法求解。

第一步单独求解 Δt（t_{n-1} 到 t_n）时间内沉降、降解和源汇项以得到物质在 t_n 时间的浓度 C^n_{-p}：

$$m_x m_y H^{n-1} C^n_{-P} = m_x m_y H^{n-1} C^{n-1} - \Delta t m_x m_y W s \frac{\partial C^{n-1}}{\partial z} - \Delta t m_x m_y H^{n-1} K C^{n-1} + \Delta t \sum_{i=1}^{N} P_i^{n-1}$$

$$(2.27)$$

式中，上标 n 为时间步长；下标 $-p$ 代表 Δt 时间内缺少物质迁移项时的水质浓度，下标 $+p$ 代表 Δt 时间内耦合物质迁移时的水质浓度。同样的，下标 $-K$ 代表 Δt 时间内缺少源汇项时的水质浓度；下标 $+K$ 代表 Δt 时间内考虑源汇项时的水质浓度。可以得到 $C^n_{-P} = C^{n-1}_{+K}$。

第二步利用式（2.26）的有限差分形式求解从 t_{n-1} 到 t_{n+1}，即 2 个 Δt 时间内耦合物质迁移项的水质浓度场（C^n_{-P} 或 C^{n-1}_{+K}）：

$$m_x m_y H^{n+1} C^{n+1}_{-K} = m_x m_y H^{n-1} C^{n-1}_{+K} + 2\Delta t P T \qquad (2.28)$$

式中，PT 为 2 个 Δt 时间内的物质迁移算子，C^{n+1}_{-K} 为缺少源汇项和沉降项时在 $t = t_{n+1}$ 时间时的水质浓度。

第三步采用隐式格式求解公式（2.26）：

$$m_x m_y H^{n+1} C^{n+1} = m_x m_y H^{n+1} C^n_{+P} - \Delta t m_x m_y W s \frac{\partial C^n_{+P}}{\partial z} - \Delta t m_x m_y H^{n+1} K C^{n+1} + \Delta t \sum_{i=1}^{N} P_i^{n+1}$$

$$(2.29)$$

33

式中,C_{n+1} 为 $t=t_{n+1}$ 时间时的水质浓度。

完成式(2.18)的求解后,利用水动力模块和式(2.18)的解(即水质浓度场),式(2.20)和式(2.21)可采用相同的方法求解。需要说明的是,式(2.22)外源或内源的一般形式,每一个源具有相应的独立公式。因此,当水体有 N 个源时,式(2.22)将是 N 个偏微分方程,通过求解每个方程将会得到特定源的三维水质贡献率场。

2.3 基于源解析的不确定性优化调控模型构建

2.3.1 研究方法与技术路线

要实现流域水质的切实改善,就要求流域污染负荷的削减建立在水质响应关系的基础之上,并以社会、经济最优的方式(例如削减量最小)分配污染负荷,充分考虑负荷削减的技术、经济可行性以及政策要求。上述内容中建立的基于三维水质水动力模型 EFDC 的计算内核的直接源解析技术可以得到任何时刻水体任意点位的水质与污染源的对应关系,然而从负荷到水质贡献的关系上看,这种对应关系往往是非线性的,并且参数的不确定性也会降低决策的可靠性,这种不确定性的因素可能会对传统的方法(例如线性规划方法)产生的结果造成影响。

解决这种问题时,传统的做法是对不确定性进行简化,假设污染物的削减和水质改善之间是可以用一种平均关系表达的,进而建立线性优化模型从而得到方案,这种方法大量存在于目前的研究之中(Jia et al.,2006),但是其结果的可靠度备受质疑(Bankes,2002;Groves et al.,2007;Milly et al.,2008)。

通过对参数可能取值的范围进行采样,然后运行模型,得到可能的参数组合和源解析结果,在此基础之上可以得到不确定性对响应关系的影响程度,也就是得到了关系估计的上下界,在这种关系的上下界的基础之上就可以建立起区间优化模型。而影响这种区间估计的另一层面的因素是非线性,也就是负荷削减和贡献改变之间的比例关系,如果这个关系是高度非线性的,那么这种区间估计也是不可靠的,所以预先需要对这种非线性的程度大小做预判。

形成区间优化以后,一般区间优化根据区间参数的位置不同分为三类(Oliveira et al.,2007):第一类是只有约束条件中含有区间参数;第二类是只有目标函数中含有区间参数;第三类是目标函数和约束条件中均含有区间参数。每类问题对应的数学基础是不同的,但是目前的解法大多数忽略了这种差异性,试图开发出一种通用的解法。从对数学基础理论的考虑出发,大多数的研究集中在线性区间优化特别是单目标线性区间优化,对于多目标非线性优化研究较少。

前述内容中已经提出,在众多的方法中,优化过程中考虑决策风险的算法则以风险显性区间数线性规划算法为代表。风险显性区间数线性规划算法(REILP)是针对区间线性优化问题,引入风险函数的概念,权衡风险和目标函数之间的矛盾关系,将区间线性优化问题转化成一系列传统的非线性优化问题进行求解的算法(Zou et al.,2010a,2010b;Simic et al.,2013)。该算法中对约束的处理方式和可靠性算法的处理类似,但是 REILP 算法将其转化为有明确实际意义的表达式,所以更有实际意义。

为了充分考虑这种不确定性因素,本部分内容将基于直接源解析模型结果的基础之上,构建湖泊流域污染负荷削减优化的线性模型,同时分析同一点位污染源贡献与负荷削减之间的非线性响应关系以及不同点位之间污染源贡献的空间差异性,并采用风险显性区间数线性规划模型(REILP)来探讨不确定性对决策的影响,以制定更加合理可行的污染负荷削减方案。由于 REILP 模型最终形成的是多目标优化问题,并且从模型形式上来看是非线性优化问题,传统的优化求解算法并不能满足求解要求,具体的求解算法也将在本章讨论。研究技术路线如图 2.6 所示。

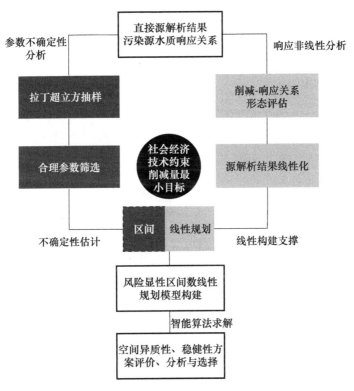

图 2.6 基于污染源数值解析的污染削减优化模型构建

2.3.2 优化模型理论基础与模型构建过程

2.3.2.1 区间优化基本概念

区间数是以区间为表示形式的数集:

$$X^{\pm} = [X^-, X^+] \tag{2.30}$$

式中,X^-,X^+ 分别表示区间的上下界,当上界与下界相同的时候,区间数"退化"为一实数。用 $x \in X^{\pm}$ 表示位于该区间内的实数,则两个区间数 $X^{\pm}$,$Y^{\pm}$ 的运算定义为:

$$X^{\pm} \otimes Y^{\pm} = \{x \otimes y \,|\, x \in X^{\pm}, y \in Y^{\pm}\} \tag{2.31}$$

式中,$\otimes$可以表示为加、减、乘、除任意一种运算,当表示为除法的时候,$Y^{\pm}$不能包含零点。

对于以区间数为自变量的函数的定义本文不会涉及。对于两个区间数的比较,不同学者的定义有很多,但是这个将不会对 REILP 模型的讨论产生任何的影响。对于以区间数为系数的线性等式方程,其等价于两个确定的不等式(刘年磊,2011),即:

$$A^{\pm} X = B^{\pm} \Leftrightarrow \begin{cases} A^{-} X \leqslant B^{+} \\ A^{+} X \geqslant B^{-} \end{cases} \tag{2.32}$$

2.3.2.2　REILP 模型

(1) REILP 模型的标准化

流域规划中的优化模型的决策变量一般为矩阵,这与数学规划中要求决策变量是向量而进行矩阵运算有所不同。为了贴近流域规划中的应用,定义所要求解的不确定优化问题的标准形式为:

$$\min f^{\pm} = \sum_{i} \sum_{j} c_{i,j}^{\pm} x_{i,j} \tag{2.33}$$

s. t.

$$\sum_{i} \sum_{j} a_{i,j,k}^{\pm} x_{i,j} \leqslant b_{k}^{\pm} \quad \forall k \tag{2.34}$$

$$0 \leqslant l_{i,j} \leqslant x_{i,j} \leqslant u_{i,j} \ \forall \, i, j \tag{2.35}$$

说明一:如果有的系数是确定的,那么默认为上界与下界相等的不确定系数。

说明二:对于含有不确定系数的等式约束,应转化为两个确定的不等式。对于不含不确定系数的等式约束,根据式(2.32)应转化为两个不等号相反的不等式约束。

说明三:对于此问题,唯一的限制在于式(2.35),即要求决策变量大于 0,主要原因在于需要方便进行 REILP 的后续变换,决策变量大于 0 在流域规划问题中的要求并不严格。

(2) REILP 模型推导

由于式(2.35)的存在,最乐观以及最悲观情景的子模型可以直接识别,具体推导见参考文献(Zou et al.,2010a,2010b;Liu et al.,2011),最乐观情景的子模型为:

$$\min f_{\text{BestCase}} = \sum_{i} \sum_{j} c_{i,j}^{-} x_{i,j} \tag{2.36}$$

s. t.

$$\sum_{i} \sum_{j} a_{i,j,k}^{-} x_{i,j} \leqslant b_{k}^{+} \quad \forall k \tag{2.37}$$

$$0 \leqslant l_{i,j} \leqslant x_{i,j} \leqslant u_{i,j} \ \forall \, i, j \tag{2.38}$$

在最乐观情景子模型下,目标函数取得所有情景中的最小值。最悲观情景的子模型为:

$$\min f_{\text{WorseCase}} = \sum_{i} \sum_{j} c_{i,j}^{+} x_{i,j} \tag{2.39}$$

s. t.

$$\sum_i \sum_j a_{i,j,k}^+ x_{i,j} \leqslant b_k^- \quad \forall k \tag{2.40}$$

$$0 \leqslant l_{i,j} \leqslant x_{i,j} \leqslant u_{i,j} \ \forall i,j \tag{2.41}$$

由于 REILP 最后的推导中,意愿水平 λ_0 事先给定且当 $\lambda_0 = 0$ 时表示的是最保守的情况,所以事件模型,即当不确定参数"获取各自上下界范围内的具体数值"的典型 LP 模型应表示为:

$$\min f = \sum_i \sum_j \left[c_{i,j}^+ + \lambda_0 (c_{i,j}^- - c_{i,j}^+) x_{i,j} \right] \tag{2.42}$$

s. t.

$$\sum_i \sum_j a_{i,j,k} x_{i,j} \leqslant b_k \quad \forall k \tag{2.43}$$

$$0 \leqslant l_{i,j} \leqslant x_{i,j} \leqslant u_{i,j} \ \forall i,j \tag{2.44}$$

$$a_{i,j,k}^- \leqslant a_{i,j,k} \leqslant a_{i,j,k}^+ \ \forall i,j,k \tag{2.45}$$

$$b_k^- \leqslant b_k \leqslant b_k^+ \ \forall k \tag{2.46}$$

在文献(Zou et al.,2010a,2010b;Liu et al.,2011)的推导中,式(2.43)表示为:

$$\sum_i \sum_j (a_{i,j,k}^+ - \lambda_{i,j,k}(a_{i,j,k}^+ - a_{i,j,k}^-)) x_{i,j} \leqslant b_k^- + \eta_k (b_k^+ - b_k^-) \tag{2.47}$$

式中,$\lambda_{i,j,k}$,η_k 为 $0 \sim 1$ 的决策变量。据此推导出该不等式对应的风险度量为(详细推导见文献(Zou et al.,2010a,2010b;Liu et al.,2011)):

$$\lambda_{i,j,k}(a_{i,j,k}^+ - a_{i,j,k}^-) x_{i,j} + \eta_k (b_k^+ - b_k^-) \tag{2.48}$$

此处根据 $a_{i,j,k} = a_{i,j,k}^+ - \lambda_{i,j,k}(a_{i,j,k}^+ - a_{i,j,k}^-)$ 以及 $b_k = b_k^- + \eta_k (b_k^+ - b_k^-)$ 的对应关系,将风险度量定义为:

$$\text{RISK} = \sum_k \frac{b_k - b_k^-}{b_k^-} + \frac{1}{b_k^-} \sum_i \sum_j (a_{i,j,k}^+ - a_{i,j,k}) x_{i,j} \tag{2.49}$$

式中,对于各个不等式风险的计算采用直接加和的方式,权重处理上默认采用 $1/b_k^-$ 作为每个不等式的归一化权重。

那么根据文献(Zou et al.,2010a,2010b;Liu et al.,2011),REILP 模型的最终需要求解的模型可以表述为:

$$\min \text{RISK} = \sum_k \frac{b_k - b_k^-}{b_k^-} + \frac{1}{b_k^-} \sum_i \sum_j (a_{i,j,k}^+ - a_{i,j,k}) x_{i,j} \tag{2.50}$$

s. t.

$$\sum_i \sum_j \left[c_{i,j}^+ + \lambda_0 (c_{i,j}^- - c_{i,j}^+) x_{i,j} \right] \leqslant f_{\text{WorseCase}} + \lambda_0 (f_{\text{BestCase}} - f_{\text{WorseCase}}) \tag{2.51}$$

$$\sum_i \sum_j a_{i,j,k} x_{i,j} \leqslant b_k \quad \forall k \tag{2.52}$$

$$0 \leqslant l_{i,j} \leqslant x_{i,j} \leqslant u_{i,j} \ \forall i,j \tag{2.53}$$

$$a_{i,j,k}^- \leqslant a_{i,j,k} \leqslant a_{i,j,k}^+ \ \forall i,j,k \tag{2.54}$$

$$b_k^- \leqslant b_k \leqslant b_k^+ \quad \forall\, k \tag{2.55}$$

式中,λ_0 的值事先给定,范围在 $0\sim1$。

2.3.3 衔接源解析的污染调控优化模型构建

2.3.3.1 基于直接源解析的基准模型建立

考虑湖体的特定监测断面水质情况,管理目标定位监测断面的年均值达标,在此基础之上,以最小削减量为优化目标,根据直接源解析的结果,可以建立 TN 和 TP 等污染物的优化模型。以 TN 为例,优化模型如下:

$$\min \sum_i \left(\sum_t (Q_{i,t} \cdot CTN_{i,t}) \cdot ControlTN_i \right) \tag{2.56}$$

也即所有污染源对 TN 的总削减量最小。

约束分为两类。第一类是水质约束。

$$\frac{1}{T} \sum_t \left(QualityTN_{t,k} - \sum_i (ResponseTN_{i,t,k} \cdot ControlTN_i) \right) \leqslant CriteriaTN \quad \forall\, k \tag{2.57}$$

也即每个监测断面全年均值达标。

第二类是政策性约束,即由于政策或者是技术限制对每个来源削减率的最大最小值的约束。

$$LControlTN_i \leqslant ControlTN_i \leqslant UControlTN_i \quad \forall\, i \tag{2.58}$$

式中,$LControlTN_i$ 以及 $UControlTN_i$ 分别代表最小最大值的约束。

$ControlTN_i$ 为第 i 个源的 TN 的削减率,决策变量。

$QualityTN_{t,k}$ 为没有削减的情况下,t 时刻第 k 个断面的 TN 浓度。

$CriteriaTN$ 为 TN 浓度标准。

$ResponseTN_{i,t,k}$ 为 t 时刻第 k 个断面,第 i 个污染源单位削减率所对应的浓度减少量。

$Q_{i,t}$ 为第 i 个污染源 t 时刻的流量。

$CTN_{i,t}$ 为没有任何削减的情况下,第 i 个污染源 t 时刻 TN 的浓度。

2.3.3.2 参数不确定性的影响与线性模型简化方式

其中直接源解析的结果体现在约束:

$$\frac{1}{T} \sum_t \left(QualityTN_{t,k} - \sum_i (ResponseTN_{i,t,k} \cdot ControlTN_i) \right) \leqslant CriteriaTN \quad \forall\, k \tag{2.59}$$

其中,为了便于进行不确定性影响分析,需要写成矩阵的形式即为:

$$\begin{bmatrix} \dfrac{1}{T} & \cdots & \dfrac{1}{T} \end{bmatrix}_{1 \times T} \cdot \left(ContributionTN_{T \times I,k} \cdot \begin{bmatrix} 1 \\ \vdots \\ 1 \end{bmatrix}_{I \times 1} - ResponseTN_{T \times I,k} \cdot \right.$$

$$\text{ControlTN}_{I\times 1})\leqslant\text{CriteriaTN}\;\forall\,k \tag{2.60}$$

式中，$\text{ContributionTN}_{i,t,k}$ 为没有削减的情况下，第 i 个污染源在 t 时刻对第 k 个断面的 TN 浓度贡献，且有 $\sum\text{ContributionTN}_{i,t,k}=\text{QualityTN}_{t,k}$

注意到，对于任意形式的矩阵，下列等式成立：

$$\boldsymbol{a}_{1\times n}\,\boldsymbol{\cdot}\,(\boldsymbol{B}_{n\times m}\,\boldsymbol{\cdot}\,\boldsymbol{c}_{m\times 1})=(\boldsymbol{a}_{1\times n}\,\boldsymbol{\cdot}\,\boldsymbol{B}_{n\times m})\,\boldsymbol{\cdot}\,\boldsymbol{c}_{m\times 1} \tag{2.61}$$

证明如下：

$$\begin{bmatrix} a_1 & \cdots & a_n \end{bmatrix}\boldsymbol{\cdot}\left(\begin{bmatrix} b_{11} & \cdots & b_{1m} \\ \vdots & \cdots & \vdots \\ b_{n1} & \cdots & b_{nm} \end{bmatrix}\boldsymbol{\cdot}\begin{bmatrix} c_1 \\ \vdots \\ c_m \end{bmatrix}\right)=\begin{bmatrix} a_1 & \cdots & a_n \end{bmatrix}\boldsymbol{\cdot}\begin{bmatrix} \displaystyle\sum_{i=1}^{m}c_ib_{1i} \\ \vdots \\ \displaystyle\sum_{i=1}^{m}c_ib_{ni} \end{bmatrix}$$

$$\tag{2.62}$$

$$=\sum_{k=1}^{n}\left(a_k\sum_{i=1}^{m}c_ib_{ki}\right)=\sum_{k=1}^{n}\sum_{i=1}^{m}c_ib_{ki}a_k \tag{2.63}$$

$$\left(\begin{bmatrix} a_1 & \cdots & a_n \end{bmatrix}\boldsymbol{\cdot}\begin{bmatrix} b_{11} & \cdots & b_{1m} \\ \vdots & \cdots & \vdots \\ b_{n1} & \cdots & b_{nm} \end{bmatrix}\right)\boldsymbol{\cdot}\begin{bmatrix} c_1 \\ \vdots \\ c_m \end{bmatrix}=\begin{bmatrix} \displaystyle\sum_{k=1}^{n}a_kb_{k1} & \cdots & \displaystyle\sum_{k=1}^{n}a_kb_{km} \end{bmatrix}\boldsymbol{\cdot}\begin{bmatrix} c_1 \\ \vdots \\ c_m \end{bmatrix}$$

$$\tag{2.64}$$

$$=\sum_{i=1}^{m}\left(c_i\sum_{k=1}^{n}a_kb_{ki}\right)=\sum_{i=1}^{m}\sum_{k=1}^{n}a_kb_{ki}c_i \tag{2.65}$$

本约束的实际含义是，针对每个时间点，先对每个源贡献进行求和，再在时间尺度上进行平均，与先对每个源时间尺度上平均，再将每个源相加得到的结果相同。所以约束变为：

$$\left(-\begin{bmatrix} \dfrac{1}{T} & \cdots & \dfrac{1}{T} \end{bmatrix}_{1\times T}\boldsymbol{\cdot}\text{ResponseTN}_{T\times I,k}\right)\boldsymbol{\cdot}\text{ControlTN}_{I\times 1}$$

$$\leqslant\text{CriteriaTN}-\begin{bmatrix} \dfrac{1}{T} & \cdots & \dfrac{1}{T} \end{bmatrix}_{1\times T}\boldsymbol{\cdot}\text{ContributionTN}_{T\times I,k}\boldsymbol{\cdot}\begin{bmatrix} 1 \\ \vdots \\ 1 \end{bmatrix}_{I\times 1}\;\forall\,k$$

$$\tag{2.66}$$

即：

$$\begin{bmatrix} -\begin{bmatrix} \dfrac{1}{T} & \cdots & \dfrac{1}{T} \end{bmatrix}_{1\times T}\boldsymbol{\cdot}\text{ResponseTN}_{T\times I,1} \\ \vdots \\ -\begin{bmatrix} \dfrac{1}{T} & \cdots & \dfrac{1}{T} \end{bmatrix}_{1\times T}\boldsymbol{\cdot}\text{ResponseTN}_{T\times I,K} \end{bmatrix}_{K\times I}\boldsymbol{\cdot}\text{ControlTN}_{I\times 1}$$

$$\leqslant \text{CriteriaTN} \times \begin{bmatrix} 1 \\ \vdots \\ 1 \end{bmatrix}_{K \times 1} - \begin{vmatrix} \begin{bmatrix} \dfrac{1}{T} & \cdots & \dfrac{1}{T} \end{bmatrix}_{1 \times T} \cdot \text{ContributionTN}_{T \times I, 1} \cdot \begin{bmatrix} 1 \\ \vdots \\ 1 \end{bmatrix}_{I \times 1} \\ \vdots \\ \begin{bmatrix} \dfrac{1}{T} & \cdots & \dfrac{1}{T} \end{bmatrix}_{1 \times T} \cdot \text{ContributionTN}_{T \times I, K} \cdot \begin{bmatrix} 1 \\ \vdots \\ 1 \end{bmatrix}_{I \times 1} \end{vmatrix}_{K \times 1}$$

(2.67)

左边的绝对值即为先对每个源贡献的时间平均,再乘以对应的削减率,右边的绝对值是为了达标的最小削减量。

由于管理目标体现在年均值的水质达标,可以看出,此时响应关系也集中在削减与水质年均值的关系上,而并不是削减与某一时刻的响应之间的关系。削减与某一时刻的响应或者较短时间内的响应关系可能是强不确定的以及具有很大的波动性,但是较长时间尺度的平均可能会降低一部分的波动性。

2.3.3.3 DST-REILP 模型构建

为了便于不确定性分析以及后续的 REILP 的计算,引入两个变量:

$$-Rsp_{K \times I} = \begin{bmatrix} -\begin{bmatrix} \dfrac{1}{T} & \cdots & \dfrac{1}{T} \end{bmatrix}_{1 \times T} \cdot \text{ResponseTN}_{T \times I, 1} \\ \vdots \\ -\begin{bmatrix} \dfrac{1}{T} & \cdots & \dfrac{1}{T} \end{bmatrix}_{1 \times T} \cdot \text{ResponseTN}_{T \times I, K} \end{bmatrix}_{K \times I}$$

(2.68)

$$-\text{Crit}_{K \times 1} = \text{CriteriaTN} \times \begin{bmatrix} 1 \\ \vdots \\ 1 \end{bmatrix}_{K \times 1} -$$

$$\begin{bmatrix} \begin{bmatrix} \dfrac{1}{T} & \cdots & \dfrac{1}{T} \end{bmatrix}_{1 \times T} \cdot \text{ContributionTN}_{T \times I, 1} \cdot \begin{bmatrix} 1 \\ \vdots \\ 1 \end{bmatrix}_{I \times 1} \\ \vdots \\ \begin{bmatrix} \dfrac{1}{T} & \cdots & \dfrac{1}{T} \end{bmatrix}_{1 \times T} \cdot \text{ContributionTN}_{T \times I, K} \cdot \begin{bmatrix} 1 \\ \vdots \\ 1 \end{bmatrix}_{I \times 1} \end{bmatrix}_{K \times 1}$$

(2.69)

式中,$Rsp_{K \times I}$ 表示第 $m = 1, 2, \cdots, I$ 个源的某一参数条件情况下,单位削减率对 $n = 1, 2, \cdots, k$ 个监测点的水质年均值的改善程度。而 $\text{Crit}_{K \times 1}$ 表示 $n = 1, 2, \cdots, k$ 个监测点为了达到水质标准,年均值最少所需要降低的浓度。

所以上式变为:

$$-Rsp_{K \times I} \cdot \text{ControlTN}_{I \times 1} \leqslant -\text{Crit}_{K \times 1}$$

(2.70)

而由于不确定性存在,在不同参数的情况下 $Rsp_{K \times I}$ 是不一样的,所以其存在一

个范围估计,上述约束应为:

$$-Rsp_{K \times I}^{+} \cdot \text{ControlTN}_{I \times 1} \leqslant -\text{Crit}_{K \times 1} \tag{2.71}$$

可以依据下列式子进行计算:

$$Rsp_{K \times I}^{+} = \max(RspRdS_{l, K \times 1}) \tag{2.72}$$

式中

$$RspRdS_{l, K \times I} = \begin{bmatrix} \begin{bmatrix} \frac{1}{T} & \cdots & \frac{1}{T} \end{bmatrix}_{1 \times T} \cdot \text{ContributionTNS}_{l, T \times I, 1} \\ \vdots \\ \begin{bmatrix} \frac{1}{T} & \cdots & \frac{1}{T} \end{bmatrix}_{1 \times T} \cdot \text{ContributionTNS}_{l, T \times I, K} \end{bmatrix}_{K \times I} \tag{2.73}$$

$RspRdS_{l, K \times I}$ 为第 l 个削减情景下,各个污染源对第 k 个断面的年均值的贡献估计。

同理有:

$$Rsp_{K \times I}^{-} = \min(RspRdS_{l, K \times I}) \tag{2.74}$$

现记位于区间 $-Rsp_{K \times I}^{+}$ 内的任意一个参数为 $-Rsp_{K \times I}$,根据 REILP 算法,由于 k 个不等式的量纲相同,所以不必考虑量纲的转化,另外,由于不等式右边不含有不确定性,risk 函数只包含了左边的风险项,采用平均加和将不同不等式的风险项相加,最终 risk 函数表达式应为:

$$\text{REILPR}isk = \begin{bmatrix} \frac{1}{K} & \cdots & \frac{1}{K} \end{bmatrix}_{1 \times K} \cdot ((-Rsp_{K \times I}^{-} - (-Rsp_{K \times I})) \cdot \text{ControlTN}_{I \times 1} \tag{2.75}$$

优化模型最终转化为:

$$\min \sum_{i} (\sum_{t} (Q_{i,t} \cdot \text{CTN}_{i,t}) \cdot \text{ControlTN}_{i}) \tag{2.76}$$

$$\min \text{REILPR}isk = \begin{bmatrix} \frac{1}{K} & \cdots & \frac{1}{K} \end{bmatrix}_{1 \times K} \cdot ((-Rsp_{K \times I}^{-} - (-Rsp_{K \times I})) \cdot \text{ControlTN}_{I \times 1} \tag{2.77}$$

s. t.

$$-Rsp_{K \times I} \cdot \text{ControlTN}_{I \times 1} \leqslant -\text{Crit}_{K \times 1} \tag{2.78}$$

$$L\text{ControlTN}_{i} \leqslant \text{ControlTN}_{i} \leqslant U\text{ControlTN}_{i} \ \forall i \tag{2.79}$$

$$-Rsp_{K \times I}^{-} \geqslant -Rsp_{K \times I} \geqslant -Rsp_{K \times I}^{+} \tag{2.80}$$

式中,$Rsp_{K \times I}$ 以及 $\text{ControlTN}_{I \times 1}$ 均为决策变量,而 REILP 的意愿水平体现在最终非劣解的前沿面上。

2.3.3.4　求解算法的选择

上述是一个多目标非线性优化问题,在水资源管理领域通常采用进化算法例如遗传算法(Genetic Algorithm,GA)进行求解。

遗传算法是一种基于种群的算法,通过模仿种群的进化过程(选择、交叉、变异、换代),达到寻优的目的。不管是单目标还是多目标的遗传算法都是基于模式定理以及积木块假设两个理论基础之上,符合这两个定理所要求的问题,在求解的过程中,通过上述选择、交叉、变异、换代的遗传操作,就能够保证最优解出现的概率以指数的形式增长,从而使算法快速收敛。所以遗传算法的最终结果是通过种群的个体来表示的,也即遗传算法本身是能同时输出多个结果的(一个最终的种群)。利用遗传算法这一天然优势,进一步发展了非支配排序的概念,从而形成了能够求解多目标的非支配排序遗传算法(Non-dominated Sorting Genetic Algorithm,NSGA)(Srinivas et al.,1994),但由于原始的 NSGA 算法计算复杂度高、采用非精英策略以及需要使用分享因子等弊端,Deb 等(2002)将其发展为 NSGA-II 版本并得到了广泛应用。

虽然 NSGA-II 较之前的算法有了很大的改进,性能上的提升也很大,但是随着解决问题的复杂程度的增加,其算法的性能也逐步难以满足求解的需要,所以在 NS-GA-II 的基础上,多种版本的改进算法层出不穷,其中最有代表性的是 CE-NSGA-II 算法(Controlled elitist NSGA-II)(Deb et al.,2001)。

CE-NSGA-II 处理上述问题的方式主要是控制第一前沿面的选择比例,将更多的被选择的机会留给第二、第三等前沿面(Deb et al.,2001)。Abul'wafa(2013)在混合发电系统的优化中对比了 NSGA-II 以及 CE-NSGA-II 的求解效果,发现 CE-NS-GA-II 不仅解集的覆盖度比较大,收敛的速度比较快,而且 CE-NSGA-II 比 NSGA-II 的进化效果更好,说明 NSGA-II 可能没有 CE-NSGA-II 更接近理想中的最优解集,尽管 NSGA-II 也已经终止了进化。

所以本研究将采用 CE-NSGA-II 的方法进行 REILP 模型的求解。

2.4　本章小结

本章以建立流域污染源与水体水质的直接数值响应关系为主线,建立了直接源解析模型;耦合了流域控制单元管控-陆域污染源解析-湖体直接源解析模型,建立了流域-水体污染源数值解析模型;建立了链接污染源直接解析的湖泊流域不确定性污染负荷削减优化模型,整体上形成一套基于污染源直接解析与不确定性优化的流域高效污染管控方法。具体如下。

将污染源控制变量写进水质-水动力方程,建立了水体直接源解析技术。通过模型方法构建定量、高效的污染源直接解析技术,解析入湖污染对水质污染的直接贡献,直接、简便、高效地理清污染源与水体水质的直接关系,解决了污染源解析普遍使用的扰动法的效率与精度的问题。

将传统流域污染源负荷解析模型与分区、分级的管理模式结合,并与水体直接源解析模型耦合,建立了流域-水体污染源数值解析模型。融合了当前流域分区分级管理与精细化数值模型方法,量化了各子单元的污染负荷对湖体水质的时空贡献率。该方法既降低了非线性的影响,突破了传统污染源解析方法效率的问题,又使模拟计算结果更加吻合管理实际。

建设链接污染源数值解析的高效优化调控方法,解决模拟-优化耦合模型的计算效率的问题。与直接源解析的耦合,改进线性规划模型中水质与污染源关联的部分,目标函数与约束条件的构造更加有效和可靠,提升了优化效率。

综合形成了以流域直接源解析和不确定性优化为核心的流域污染高效控制体系,能支撑流域管理中高效精确的识别污染成因,并且能基于水质目标高效并科学地实施污染治理措施优化,形成支撑流域污染控制高效的关键技术。

第3章 典型流域污染源解析

3.1 研究区状况

3.1.1 研究区自然地理概况

八里湖流域属九江市,位于江西省北部、长江中游南岸、九江市中心城区西侧,毗邻庐山,距省会城市南昌约 130 km,素有"江西门户"之称。流域气候温和,四季分明,年平均气温 16~17 ℃,年降雨量为 1200 mm 左右,年内分配不均,年降水量的40%~50%集中在第二季度。

八里湖由庐山西麓数支涧水汇聚而成,水面宽阔,现有水面面积约 18 km²(最高水位黄海高程 18.97 m 时),汇水面积约 200 km²,湖区南北长、东西窄。流域主要河流有十里河、沙河,十里河为流经九江城区的一条河流,沙河穿过九江县城最终在西南方向流入八里湖。北部有新开河,沟通八里湖和长江,与长江之间设有排水泵站控制湖水水位。东南部和南部尚有一系列较小河流汇入八里湖。八里湖流域基础状况见图 3.1。

八里湖流域多为湖积及冲湖积淤泥质粘性土,周边为山地丘陵、滩涂、汊港。流域内以丘陵为主,平原皆备,地势比较平坦,地势自东南庐山脚下向北部长江沿岸倾斜,最高海拔为 70.8 m,平均海拔 20 m。南部丘陵与庐山相连,北部为平原地带。

八里湖流域行政区域涉及九江经济技术开发区七里湖街道、向阳街道、滨兴街道,九江县沙河街镇,庐山区十里街道、莲花镇和赛阳镇。八里湖流域内包括城镇、农村、农业等多种生产生活形态,具有典型的城乡结合属性,是一种受城乡综合污染的典型湖泊。流域内污染类型多样,包括工业、城镇、农业、农村、畜禽养殖等多种类型污染,污染数量众多。经过"十一五""十二五"的污染治理,流域内治理水平取得阶段性进展,水质总体得到控制,但氮、磷等指标仍然难以控制在水质目标以下;流域内基础设施得到增强,污水处理厂、工业污染治理设施等已经基本覆盖,基本情况在以下各节详述。

未来,八里湖流域水质改善压力仍然较大,污染治理的重点工程如何选取成为区域治理的难点。一方面,城镇污染、工业污染治理取得初步成效,下一步如何甄选点源的治理工作,面临提高标准、增加收水范围等更多项任务措施的选择,且能否有效支撑水质目标的实现也难以确认;另一方面,流域内农村、农业、分散畜禽等各类污染源的贡献及其对水质的影响难以说清,如何实施治理,在有限的资金下如何高效实施点、面源组合治理成为技术难点。

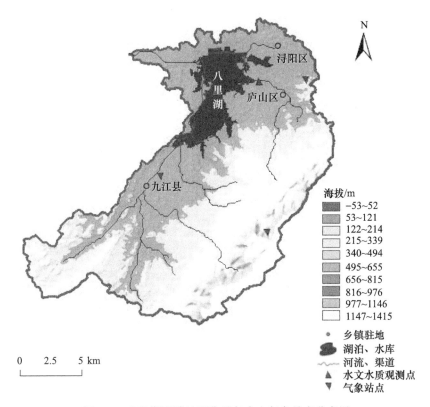

图 3.1　八里湖流域地理位置与水文气象站点分布图

3.1.2　社会经济状况

八里湖流域共涉及行政区域内人口 30.15 万,其中城镇人口 23.07 万,农村人口 7.08 万;九江经济技术开发区人口 9.67 万,九江县人口 5.2 万,庐山区人口 15.28 万,见表 3.1。

八里湖流域经济发展主要涉及九江经济技术开发区、九江县和庐山区 3 个区(县)的经济发展,3 个区(县)的经济发展状况决定了八里湖流域的经济发展状况。2014 年,九江县实现生产总值 91.04 亿元,按可比价格计算,比上年增长 10.4%。其中第一产业实现增加值 12.04 亿元,第二产业实现增加值 54.21 亿元,第三产业实现增加值 24.79 亿元。三次产业的比重为 13.2∶59.5∶27.3。第二产业仍占主导地位,第三产业比重逐步上升。庐山区实现生产总值 240.83 亿元,按可比价格计算,比上年增长 9.3%。其中第一产业实现增加值 4.74 亿元,第二产业实现增加值 120.74 亿元,第三产业实现增加值 115.35 亿元。三次产业的比重为 2.0∶50.1∶47.9。

表 3.1　流域内各区(县)人口分布

区(县)	街道/乡镇	总人口/人	城镇人口/人	农村人口/人
九江经济技术开发区	七里湖街道	6747	3783	2964
	向阳街道	46557	37674	8883
	滨兴街道	43374	41589	1785
庐山区	十里街道	107000	79704	27296
	莲花镇	37426	25163	12263
	赛阳镇	8400	1000	7400
九江县	沙河街镇	52000	41800	10200
合计		301504	230713	70791

3.1.3　流域水环境质量

3.1.3.1　水质常规监测

根据九江市环境保护监测站例行监测数据,八里湖流域共布设五个水质例行监测点,分别位于八里湖的湖心、八里湖湖口,新开河以及十里河的五七二七、四四一和入湖口。监测频次为每两个月 1 次,监测项目按照《地表水环境质量标准》(GB 3838—2002)中要求的 24 项指标,包括水温、pH、溶解氧、COD、氨氮、TP、TN 等,其中入湖口和湖心增加透明度、叶绿素 a 两项指标。八里湖流域例行监测点位平均浓度年际变化见图 3.2。

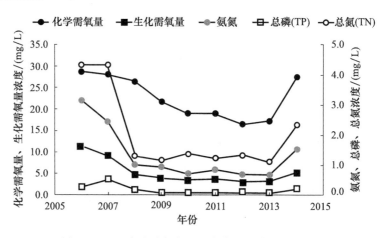

图 3.2　八里湖流域例行监测点位平均浓度年际变化

根据八里湖湖心、入湖口两个点位 2006—2014 年的水质监测数据,对八里湖湖体水质状况进行评价,评价结果表明,八里湖湖体水质经历了由坏变好再变坏的过程,水质状况呈波动的变化趋势,由 2006 年的重度污染变为 2009—2013 年的轻度污染再变为 2014 年的重度污染,主要污染指标为 TP、TN 和氨氮,年均最高浓度分别为 0.26 mg/L(2006 年)、4.31 mg/L(2006 年)和 3.14 mg/L(2006 年)。八里湖湖体主要监测指标年均浓度在 2013 年以前都处于下降的趋势,2014 年主要监测指标年均浓度又有所上升。

八里湖湖体两个监测点水质的具体情况为,湖口水质比湖心水质差,湖心水质在一半以上年份能达到或优于Ⅳ类(2009—2011 年和 2013 年为Ⅲ类,2012 年为Ⅳ类),湖口水质仅在少数年份能达到Ⅳ类(2009 年、2013 年)。湖心水质呈波动的变化趋势,2011 年以前水质在逐渐变好,2011 年以后水质有变差的趋势,湖心的主要污染指标为 TP 和 TN,年均最高浓度分别达到 0.37 mg/L(2007 年)和 2.7 mg/L(2007 年)。湖口水质 2009—2013 年整体处于较差的状况,大多数年份水质为Ⅴ类或劣Ⅴ类,湖口的主要污染指标为 TP、TN、氨氮、COD 和 BOD_5,年均最高浓度分别达到 0.65 mg/L、6.49 mg/L、5.96 mg/L、36.67 mg/L 和 16.87 mg/L。湖心和湖口主要监测指标年均浓度变化情况分别见图 3.3、图 3.4。

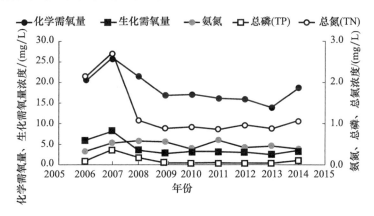

图 3.3　湖心主要监测指标年均浓度变化情况

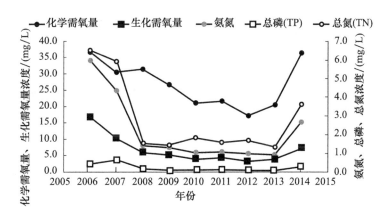

图 3.4　湖口主要监测指标年均浓度变化情况

对 2006—2014 年八里湖出入湖河流新开河和十里河水质进行评价,评价结果表明,出湖河流新开河水质良好,2007 年以后新开河水质一直保持优良水平;2007 年以前新开河水质较差,断面水质为 V 类,主要污染指标为 BOD_5,年均最高浓度达 7.45 mg/L(2006 年)。入湖河流十里河水质由重度污染(2006、2007 年)逐渐变为轻度污染(2008 年)、良好(2009—2013 年)和轻度污染(2014 年),主要的污染指标有氨氮、TP、COD 和 BOD_5,年均最高浓度分别为 4.73 mg/L、0.54 mg/L、31.06 mg/L 和 13.91 mg/L。十里河上游源头断面(五七二七)水质为优,一直保持 II 类水质,而下游城区段断面(四四一和入湖口)水质较差,仅在部分年份能达到 IV 类水质,其余年份为 V 类、劣 V 水质,四种主要污染指标年均浓度有逐年减少的趋势,但是在 2014 年有增加现象。

3.1.3.2　水质补充监测

由于八里湖流域常规监测点较少,于 2015 年 5—10 月围绕八里湖湖体及出入湖河流开展了补充监测工作,补充监测共布设 35 个水质监测点,其中湖体布设 10 个监测点,入湖河流布设 25 个监测点,监测指标包括 COD、BOD_5、溶解氧、氨氮、硝酸盐氮、TN、磷酸盐、TP 和叶绿素 a(河流除外)等主要指标。监测频次为 5 月、6 月、9 月、10 月每月各 1 次;7 月、8 月每周各 1 次。流域水质补测监测数据用于水质评价与模拟校验等方面的内容。补充监测数据表明,八里湖 TN 和 TP 处于 IV 类左右,较多时间超过了 III 类水平,见图 3.5。

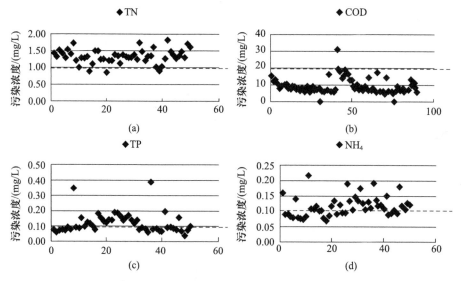

图 3.5　八里湖连续补充监测数据的主要指标状况

注:虚线代表 III 类水标准。

3.2　水体源解析模型构建

3.2.1　直接源解析模型数据输入

流域直接源解析系统的输入数据主要包括初始数据、边界条件数据、气象条件数据。数据传输采用文件的形式,即输入数据整理成一定的格式,形成文本文件,由水动力模块、水质模块读取输入文件,模拟计算得到流场、温度场和水质模拟结果,生成结果;源解析模块在系统内部获取驱动水动力和水质信息,对每个源的贡献进行一次性解析,最终获取所有源在水体中任何时空点的贡献比例,并生成结果文本文件。

（1）初始条件

主要为水质初始数据、水温初始数据、底泥初始数据。水质初始数据是模拟起始时间的各个模拟网格水体水质指标浓度;水温初始数据是模拟起始时间的各个模拟网格的水温;底泥初始数据是模拟起始时间的各个模拟网格底泥污染物含量。八里湖直接源解析模型,由 2502 个正交曲线网格组成,模拟起始时间为 2015 年 5 月 1日,计算周期为 123 d,时间步长为 10 s。

（2）流域入湖污染源边界

主要为入流流量数据、入流水温数据、入流水质数据。入流流量数据是随时间变化的入流流量;入流水温数据是随时间变化的入流水温;入流水质数据是随时间变化的入流水质。流量与水质叠加得到入流负荷。污染源分级分区整合方案,将 20个污染源作为在本研究中八里湖水质模型中的氮磷浓度边界和流量边界,并作为八里湖湖体水质直接源解析的污染源边界。

（3）气象驱动边界

气象驱动边界包括气压、气温、相对湿度/干球温度、降雨、蒸发、辐射、云量、风速、风向。气象数据一般为小时数据。

具体模拟气象条件见图 3.6。

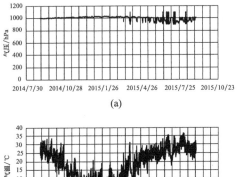

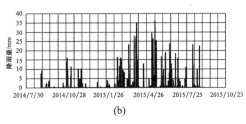

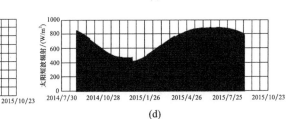

(a)　　　　　　　　　　　　(b)

(c)　　　　　　　　　　　　(d)

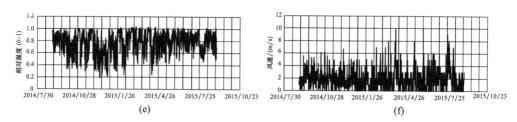

图 3.6　八里湖气象条件数据

3.2.2　模型结果校准和验证

根据八里湖实际情况,本研究选取南湖北湖湖心、连接处及入湖河道河口处等11 个重要位置,在湖体水位计算保持在 18 m 左右,对 2014 年 9 月 1 日—2015 年 9月 1 日的氮磷水质进行校准和验证,具体校准点位见图 3.7,水质模拟校验评估结果见表 3.2。

图 3.7　八里湖计算网格离散与水质校准点位分布图

表 3.2　八里湖水质校验评估结果

序号	网格位置		评价指标	TN/%	TP/%	NH₄-N/%
	X	Y				
1	15	25	Re	20.4	13.3	5.57
2	28	39	Re	4.43	5.01	−93.3
3	16	44	Re	−17.0	15.0	80.4
4	14	53	Re	18.7	10.9	83.9
5	27	75	Re	19.1	5.3	17.7
6	21	76	Re	39.4	14.8	26.1
7	21	91	Re	12.1	14.9	19.2
8	21	95	Re	21.1	8.58	63.6
9	20	98	Re	13.5	5.55	72.4
10	9	93	Re	29.7	8.71	34.3
11	6	90	Re	31.5	7.31	18.9

对比 11 个监测点位 TN、TP 和 NH₄-N 模拟值与实测值的相对误差 Re，通过各个指标模拟值与观测值的误差分析结果表明，八里湖水质模型可以较好地再现湖体氮磷水质浓度变化的趋势，例如湖心区（点位 6）TN、TP 和氨氮模拟值与观测值的对比时间序列曲线，如图 3.8～图 3.10 所示。

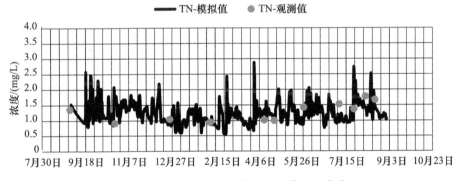

图 3.8　八里湖 TN 模拟值与观测值对比曲线

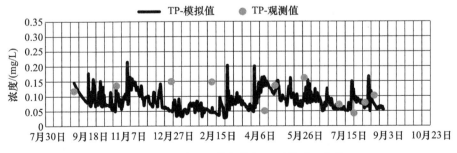

图 3.9　八里湖 TP 模拟值与观测值对比曲线

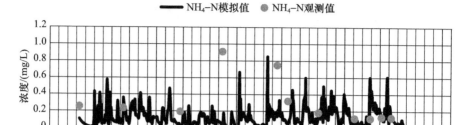

图 3.10　八里湖氨氮模拟值与观测值对比曲线

因此,八里湖水质模型校验后的参数基本能够代表湖体水质的传输特点,适用于八里湖的水质分析和研究。具体的模拟参数说明和取值见表 3.3 和表 3.4。

表 3.3　八里湖直接源解析模型相关参数名称

参数名称	参数说明
KD	污染物一阶降解速率/(1/d)
KS	污染物沉降速率/(m/d)
NUITRI_INI	初始浓度/背景浓度/(mg/L)
TARGET	水质评价标准浓度

表 3.4　模型校验参数取值

污染物名称	KD	KS	NUITRI_INI	TARGET
TN	0.03	0.02	1.5	1.0
TP	0.02	0.08	0.15	0.05
NH_4-N	0.15	0	0.12	1.0

3.3　陆域污染负荷模型构建

3.3.1　SWAT 模型基础数据输入

模型构建的空间数据库有数字高程模型(DEM)、土地利用类型图、土壤类型图、河网水系图,所有空间地图的投影、坐标系统一设置,采用高斯-克吕格投影,北京 1954 坐标系,单位为 m。

本研究土地利用数据来源于 2014 年农村土地调查数据库,土壤数据采用联合国粮农组织构建的 1:100 万 HWSD 数据库中土壤数据,使用地理空间数据云平台(http://www.gscloud.cn/)提供的 30 m×30 m 的栅格数据,基于 ArcGIS 进行数据提取、拼接、裁剪和投影转换等步骤,生成模型所需的 DEM 数据,如图 3.11 所示。为保证 SWAT 模型模拟结果的准确度,采用谷歌地球(google earth)软件描绘的沙河、十里河、蛟滩河三条水系,并加入模型,对模型提取的河网水系进行校正。

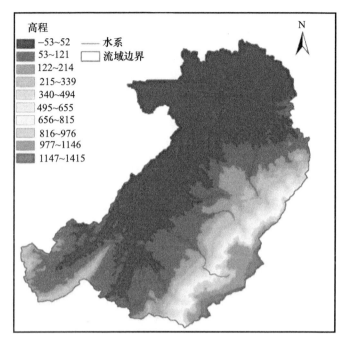

图 3.11　八里湖流域 DEM 图（见文后彩插）

　　研究中采用了九江站、九江县站、庐山站三个监测站的气象数据信息,主要包括日最高气温、日最低气温、日平均气温、日平均相对湿度、日降水量、日平均风速等。将温度、降水、风速、相对湿度、太阳辐射量五类数据按照 SWAT 模型的要求进行编制并输入模型。八里湖流域土壤类型及分布变化复杂,水平分布上形成由北向南的黄壤、红壤地带。流域内土壤类型主要有麻砂泥暗黄棕壤、黄砂泥黄红壤、麻砂泥棕红壤、石灰性冲积土、幼年棕色石灰土、粘盘黄褐土、腐殖质强淋溶土（FAO1990 土壤分类）、堆积人为土（FAO1990 土壤分类）等。流域内各土壤类型面积见表 3.5。

表 3.5　土壤类型面积

土壤类型	面积/km²
石灰性冲积土(11495)	12.57
堆积人为土(11604)	60.88
麻砂泥棕红壤(11805)	89.89
腐殖质强淋溶土(11817)	10.18
黄砂泥黄红壤(11825)	16.01
麻砂泥暗黄棕壤(11842)	5.13
幼年棕色石灰土(11368)	1.24
粘盘黄褐土(11927)	29.67
水(11927)	22.12

　　根据九江市 2014 年农村土地利用调查数据,八里湖流域土地面积为 247.69 km²,土地利用类型以林地和城乡、工矿、居民用地为主,面积分别为 109.49 km² 和 74.41 km²,分别占流域总面积的 44.2% 和 30.04%;其次为耕地和水域,面积分别为 34.84 km² 和 26.91 km²,分别占流域总面积的 14.07% 和 10.86%。其中,耕地以水田为主,水田和旱地面积分别为 21.94 km² 和 12.90 km²,分别占耕地面积的 62.98% 和 37.02%。林地以有林地为主,面积为 95.81 km²,占林地面积的 87.51%。城镇用地和农村居民点面积分别 53.83 km² 和 10.48 km²,分别占流域总面积的 21.73% 和 4.23%。流域土地利用类型具体情况见表 3.6,流域土地利用状况分布见图 3.12。

表 3.6　八里湖流域土地利用情况

土地利用类型	面积/km²	所占比例/%
耕地	34.84	14.07
林地	109.49	44.20
草地	2.00	0.81
城乡、工矿、居民用地	74.41	30.04
水域	26.91	10.86
未利用地	0.04	0.02
合计	247.69	100

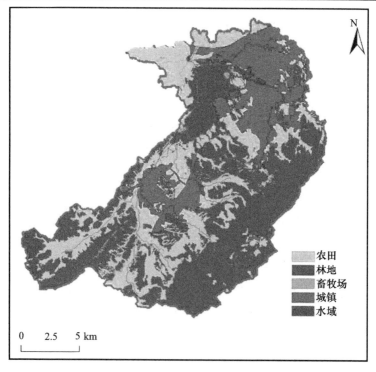

图 3.12　八里湖流域土地利用分布(见文后彩插)

3.3.2　水文响应单元与控制子流域划分

3.3.2.1　HRU 划分

在流域内通常将具有相同土地利用、土壤类型和管控模式的区域划分为一个水文响应单元(HRUs),流域负荷模型计算过程中,会将同一个子流域划分为多个水文响应单元,再基于水文响应单元开展模拟计算程序。每个水文响应单元是流域划分后水文特征相同的最小区域单元,水文响应单元的优点是在流域中进一步考虑了空间变异性。为保证子流域面积得到 100% 的模拟,通过输入土地利用、土壤、坡度阈值方式清除各子流域次要土地、土壤、坡度类型,重新分配剩余类型,对土地利用、土壤、坡度叠加。本研究土地利用和土壤面积阈值取 15%,坡度分为小于 15°、15°~45°、大于 45°三级,基于以上阈值,将八里湖流域划分为 214 个水文响应单元。

3.3.2.2　控制子单元划分

根据研究八里湖流域的分异性和控制子单元划分方法,在流域水文响应单元的基础上,八里湖流域共划分为 41 个流域控制子单元,分别进行了编号,见图 3.13。

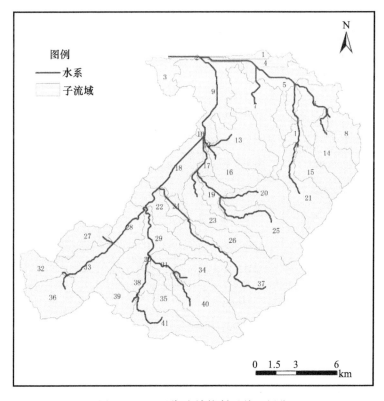

图 3.13　八里湖流域控制子单元划分

3.3.3　污染源分级分区管控

3.3.3.1　污染源的分级分区方案

八里湖污染治理,当前阶段主要包括城镇污水的管网铺设工程、城镇污水处理厂的提标改造工程、工业污染排放标准提高、规模化畜禽养殖深化治理、农村生活的连片污水收集与治理、化肥农药减少施用等。根据污染类型,按照治理措施分类,按照流域控制子单元进行划分整合,八里湖流域初步的污染源分区分级方案见表 3.7。

表 3.7　八里湖污染源分区分级初步方案

方案编号	治理措施	治理类型	污染源分区分级
A	城镇生活治理一（有管网）	提标改造	4、5、7、9、10、18、22、24 城镇面源,5、7、18、22、24 农村生活和 7、18、23 污水处理厂点源
B	城镇生活治理二（无管网）	管网收集	1、2、6、11、13、17、19、20、21、23、25、26、29 城镇面源,6、11、13、17、19 农村面源
C	工业治理	提高排放标准	工业企业点源整体治理(1、5、7、8、11、16、23、24、37)
D	规模化畜禽养殖治理	规模化畜禽	规模化养殖场点源整体治理(14、22、23、37)
E	农村生活治理一	农村连片治理	8 城镇面源,8 农村生活
F	农村生活治理二	农村连片治理	14、15、16 城镇面源,14、15、16、20、21 农村生活
G	农村生活治理三	农村连片治理	37 城镇面源,23、25、26、37 农村生活
H	农村生活治理四	农村连片治理	28、31 城镇面源,28、29、31 农村生活
I	农业施肥治理一	化肥减施	5、6、8 施肥
J	农业施肥治理二	化肥减施	7、11、13、14、15、16、20、21 施肥
K	农业施肥治理三	化肥减施	23、25、26、34、35、37、40、41 施肥
L	农业施肥治理四	化肥减施	9、10、12、17~19、22、24、29、30、31、38、39 施肥
M	土壤背景治理一	本地贡献控制	5、6、7、8、11、14、15、21 背景
N	土壤背景治理二	本地贡献控制	9、10、12、13、16~20、22~26、29~31、34、35、37~41 背景

依据上述划定的污染源分级、分区管控方案,为了有效降低流域系统的非线性特征,高效计算流域污染负荷对八里湖水质浓度的贡献比例,根据当地实际需求与污染源治理的实际情况,基于沙河与十里河两个流域划分,将污染源整合为 20 个,以此作为在本研究中八里湖水质模型中的氮磷浓度边界和流量边界,并作为八里湖湖体水质直接源解析的污染源边界,见表 3.8。

表 3.8　八里湖分区分级污染源划定方案

方案编号	治理措施	污染源序号	十里河分区	污染源序号	沙河分区
A	城镇生活治理一（有管网）	1	4、5、7 城镇面源，5、7 农村生活，7 污水处理厂	10	9、10、18、22、24 城镇面源，18、22、24 农村生活，18、23 污水处理厂
B	城镇生活治理二（无管网）	2	1、6、11、21 城镇面源，6、11 农村生活	11	2、13、17、19、20、23、25、26、29 城镇面源，13、17、19 农村面源
C	工业治理	3	1、5、7、8、11 工业	12	16、23、24、37 工业
D	规模化畜禽养殖治理	4	14 规模化养殖场	13	22、23、37 规模化养殖场
E	农村生活治理一	5	8 城镇面源，8 农村生活	—	—
F	农村生活治理二	6	14、15 城镇面源，14、15、21 农村生活	14	16 城镇面源，16、20 农村生活
G	农村生活治理三	—	—	15	37 城镇面源，23、25、26、37 农村生活
H	农村生活治理四	—	—	16	28、31 城镇面源，28、29、31 农村生活
I	农业施肥治理一	7	5、6、8 施肥	—	—
J	农业施肥治理二	8	7、11、14、15、21 施肥	17	13、16、20 施肥
K	农业施肥治理三	—	—	18	23、25、26、34、35、37、40、41 施肥
L	农业施肥治理四	—	—	19	9、10、12、17～19、22、24、29～31、38、39 施肥
M	土壤背景治理一	9	5、6、7、8、11、14、15、21 背景	—	—
N	土壤背景治理二	—	—	20	9、10、12、13、16～20、22～26、29～31、34、35、37～41 背景

　　为方便后续分析，依次进行了污染源标识，后续文中将采用标识符号代替，不再赘述对应的污染源名称。污染源标识符号与污染源对应见表3.9。

表 3.9　流域污染源名称及标识编码对照

污染源序号	污染源名称	标识符号
0	初始值	SI
1	十里河有管网的城镇生活源	SQ01
2	十里河无管网的城镇生活源	SQ02

污染源序号	污染源名称	标识符号
3	十里河工业企业点源	SQ03
4	十里河规模化养殖场	SQ04
5	十里河农村生活源Ⅰ	SQ05
6	十里河农村生活源Ⅱ	SQ06
7	十里河农业施肥源Ⅰ	SQ07
8	十里河农业施肥源Ⅱ	SQ08
9	十里河土壤背景源	SQ09
10	沙河有管网的城镇生活源	SQ10
11	沙河无管网的城镇生活源	SQ11
12	沙河工业企业点源	SQ12
13	沙河规模化养殖场	SQ13
14	沙河农村生活源Ⅰ	SQ14
15	沙河农村生活源Ⅱ	SQ15
16	沙河农村生活源Ⅲ	SQ16
17	沙河农业施肥源Ⅰ	SQ17
18	沙河农业施肥源Ⅱ	SQ18
19	沙河农业施肥源Ⅲ	SQ19
20	沙河土壤背景源	SQ20

3.3.3.2 模型子单元污染源输入

通过对八里湖流域内城镇点源(城镇生活污水、工厂企业废水和规模化畜禽养殖)水污染物进行大规模的调查统计,作为 SWAT 模型点源污染物输入数据;运用 SWAT 模型对农田、农村生活和水产养殖等面源水污染物进行模拟。

3.3.3.3 城镇生活源

将八里湖流域内的污水处理厂排放数据作为城镇生活点源,通过数据转化成模型需要的格式,具体计算结果见表 3.10。

表 3.10 子单元城镇生活源排放量

子单元编号	有机氮/(kg/d)	NH_4/(kg/d)	NO_3/(kg/d)	NO_2/(kg/d)	有机磷/(kg/d)	无机磷/(kg/d)	日均水量/m³
7	10.66	12.48	3.05	1.52	0.23	0.23	1835.62
23	35.11	33.26	10.03	5.02	0.57	0.57	5452.05
18	48.00	48.31	13.71	6.86	0.86	0.86	7791.78

3.3.3.4 工业源

根据研究区域工业企业排放污水特性,估算了工业废水中各形态氮(NO_3、NO_2、NH_4、有机氮)占 TN 的比例大约为 0.1、0.08、0.54、0.28;工业点源中各形态磷(有机磷、无机磷)占 TP 的比例大约为 0.52、0.48,依据这些比例来计算工业废水中各形态氮磷污染物量,如表 3.11 所示。

表 3.11 子单元工业点源排放量

子单元编号	有机氮 /(kg/d)	NH_4 /(kg/d)	NO_3 /(kg/d)	NO_2 /(kg/d)	有机磷 /(kg/d)	无机磷 /(kg/d)	日均水量 /m^3
1	0.14	0.5	0.06	0.01	0	0	50.41
5	1.03	2.05	0.27	0.07	0	0	609.32
7	1.0	3.5	0.4	0.1	0	0	670.2
8	0.1	0.36	0.04	0.01	0.01	0.01	25.82
11	0.11	0.37	0.04	0.01	0	0	257.25
16	0.48	0.96	0.13	0.03	0	0	171.23
23	0.25	0.49	0.07	0.02	0	0	329.32
24	0.11	0.4	0.05	0.01	0.01	0.01	30.82
37	0.11	0.38	0.04	0.01	0	0	122.78

3.3.3.5 规模化畜禽养殖

根据 2013 年《畜禽养殖污染源调查》,八里湖流域集中畜禽养殖的位置、污染物排放方式和污染物排放量见表 3.12。

表 3.12 八里湖流域规模化畜禽养殖排放数据

养殖场位置	畜禽种类	饲养量/ (头/羽)	养殖场所在子流域	水冲粪直接排放比例/%	TN 排放量/(kg/a)	TP 排放量/(kg/a)	氨氮排放量/(kg/a)
庐山区	生猪	760	12	100	2305.84	348.992	1094.4
庐山区	生猪	1200	35	100	3640.8	551.04	1728
九江县	生猪	600	21	100	1820.4	275.52	864
九江县	生猪	500	20	100	1517	229.6	720

根据畜禽养殖废水特性研究的相关资料,估计畜禽粪便中各形态氮(NO_3、NO_2、NH_4、有机氮)占 TN 的比例大约为 0.15、0.05、0.45、0.35,各形态磷(有机磷、无机磷)占 TP 的比例大约为 0.7、0.3,计算养殖场排放的各形态污染物量。由养殖场排放污水中 TN 的浓度约为 2000 mg/L,反推各畜禽养殖场排放的流量值。具体计算结果见表 3.13。

表 3.13　子流域集中养殖污染物排放量

子流域编号	有机氮 /(kg/d)	NH₄ /(kg/d)	NO₃ /(kg/d)	NO₂ /(kg/d)	有机磷 /(kg/d)	无机磷 /(kg/d)	日均水量 /m³
37	3.49	4.49	1.50	0.50	1.06	0.45	4.99
22	1.75	2.24	0.75	0.25	0.53	0.23	2.49
23	1.45	1.87	0.62	0.21	0.44	0.19	2.08
14	4.01	5.16	1.72	0.57	1.22	0.52	5.74

3.3.4　SWAT 模型参数率定与验证

本研究首先利用 2010—2014 年流域内 3 个气象站点(九江站、九江县站和庐山站)的气象数据作为模型驱动数据,同时利用 2010—2011 年流域入湖口流量站的河流流量监测数据作为模型验证数据对参数进行率定,并利用 2012—2014 年流量数据进行模型验证。选用 Nash-Sutcliffe 效率系数 E_{ns} 和确定系数 R^2 为模型率定标准。

本模型利用 SWAT-CUP 软件对模型进行参数优选,利用入湖口观测月径流量,通过 LHS-OAT(Latin Hyper-cube Sampling One factor At a Time)方法进行参数敏感性分析,选出对模型结果敏感的 11 个参数进行自动参数率定,得到参数范围及其最优值(表 3.14),率定期的 E_{ns} 和 R^2 的值分别为 0.85 和 0.60;验证期 E_{ns} 和 R^2 分别为 0.83 和 0.58,认为模型模拟结果较为满意,见图 3.14。

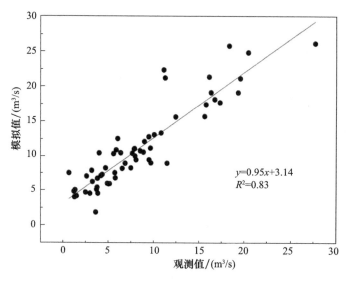

图 3.14　八里湖入湖口观测与模拟径流量对比

由于缺乏长时间序列的泥沙和水质监测数据,本研究只对流域的 TN 模拟过程进行了校准。结果表明,TN 的模拟误差在 20% 左右,基本上反映了实际情况。

表 3.14　八里湖流域 SWAT 模型参数率定

参数	描述	取值范围		率定值
		最小值	最大值	
CN$_2$	径流曲线数	−0.040	0.400	0.180
ALPHA_BF	基流 a 系数	0.175	0.925	0.550
ESCO	土壤蒸发补偿系数	0.699	0.921	0.810
GW_DELAY	地下水延迟时间	69.964	368.036	219.000
GWQMN	基流判定系数	−0.066	1.466	0.700
GW_REVAP	地下水再蒸发系数	0.021	0.159	0.090
CH_K$_2$	主河道河床有效水力传导	−57.825	80.325	11.250
CH_N$_2$	曼宁系数	−0.061	0.211	0.075
SOL_AWC	土壤层可利用有效水	0.006	0.614	0.310
SOL_K	土壤饱和水力传导	−0.313	1.113	0.400
SFTMP	雨雪比例分割温度	−8.553	1.553	−3.500
BIOMIX	生物混合效率	0.950	0.200	1.000
CMN	活性有机营养物腐殖质矿化速率因子	0.002	0.001	0.003
N_UPDIS	氮吸收分布参数	59.000	30.000	70.000
P_UPDIS	磷吸收分布参数	45.000	30.000	70.000

3.4　流域单元输出负荷与贡献解析

3.4.1　流域负荷分析

八里湖负荷主要集中在城镇生活、农村生活和农业种植,三种污染源负荷合计约占全流域负荷的 95%。城镇生活、农村生活和农业种植 TN 负荷分别占全流域 TN 负荷的 69.5%、14.7% 和 11.2%,TP 负荷分别占全流域 TP 负荷的 66.5%、15.2% 和 13.5%,氨氮负荷分别占全流域氨氮负荷的 73.0%、13.4% 和 9.1%。各类型污染源负荷情况见图 3.15。

3.4.2　控制子单元(子流域)污染负荷量空间分布

从河流角度来讲,在八里湖流域的主要入湖河流有沙河和十里河,结合河流的流域特性,将流域划分为沙河流域和十里河流域两大部分。

沙河流域的污染负荷总量较大,其中 TN 为 3805.23 kg/a、TP 为 3138.93 kg/a、氨氮为 561.27 kg/a,分别占流域污染负荷总量的 75.5%、74.2% 和 79.2%。十里河流域的污染负荷总量相对较小,其中 TN 为 1234.47 kg/a、TP 为 1091.87 kg/a、氨氮为 147.23 kg/a。具体流域和子流域 TN、TP、氨氮污染负荷总量情况见表 3.15。

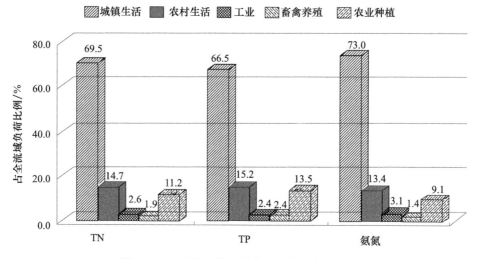

图 3.15　八里湖流域不同类型污染源负荷情况

从 TN 负荷总量角度来看,子流域 33(沙河)污染负荷总量最大,为 325.97 kg/a,占全流域负荷总量的 6.5%;其次是子流域 37(沙河)、28(沙河)、12(沙河)、41(沙河)、26(沙河)、16(沙河),这 6 个子流域污染负荷总量分别为 306.11 kg/a、284.42 kg/a、276.25 kg/a、275.54 kg/a、251.91 kg/a、251.08 kg/a,均占全流域污染负荷总量的 3.0%以上;再次是子流域 20(沙河)、15(十里河)、5(十里河)、21(十里河)、31(沙河)、6(十里河),污染负荷总量均占全流域的 3.0%以上;其他子流域负荷总量较小,其中子流域 19(沙河)最小,几乎为 0。具体 TN 污染负荷总量空间分布见图 3.16。

从 TP 负荷总量角度来看,子流域 37(沙河)污染负荷总量最大,为 295.65 kg/a,占全流域负荷总量的 7.0%;其次是子流域 41(沙河)、12(十里河)、20(沙河)、26(沙河)、33(沙河),负荷总量分别为 268.13 kg/a、243.30 kg/a、239.60 kg/a、229.74 kg/a、213.03 kg/a,均占全流域负荷总量的 5.0%以上;再次是子流域 5(十里河)、21(十里河)、28(沙河)、31(沙河)、34(沙河)、15(十里河)、6(十里河)、14(十里河)、39(沙河)、7(十里河),污染负荷总量均占全流域总量的 3.0%以上;其他子流域负荷量较小,其中子流域 19 最小,几乎为 0。具体 TP 污染负荷总量空间分布见图 3.16。

从氨氮负荷总量角度来看,子流域 12(沙河)污染负荷总量最大,为 46.75 kg/a,占全流域负荷总量的 6.6%;其次是子流域 10(沙河)、9(沙河)、33(沙河)、37(沙河),负荷总量分别为 43.24 kg/a、42.84 kg/a、39.16 kg/a、36.80 kg/a,均占全流域负荷总量的 5.0%以上;再次是子流域 28(沙河)、41(沙河)、16(沙河)、26(沙河)、20(沙河)、15(十里河)、18(沙河)、5(十里河)、21(十里河)、31(沙河),污染负荷总量均占全流域总量的 3.0%以上;其他子流域负荷量较小,其中子流域 19 最小,几乎为 0。具体氨氮污染负荷总量空间分布见图 3.16。

表 3.15 沙河流域和十里河流域负荷情况

小流域	控制子单元	TN/(kg/a)	TP/(kg/a)	NH₄/(kg/a)
	9	90.64	36.11	42.84
	10	143.96	104.91	43.24
	12	276.25	243.3	46.75
	13	81.81	85.95	11.97
	16	251.08	119.05	30.22
	17	11.97	3.28	1.44
	18	51.78	20.5	25.43
	19	0	0	0
	20	245.01	239.6	29.45
	22	94.97	91.95	14.83
	23	8.03	0.75	2.87
	24	89.12	80.43	10.66
	25	66.03	63.38	7.94
	26	251.91	229.74	30.02
沙河	27	58.67	45.07	6.93
	28	284.42	187.14	34.04
	29	26.87	3.06	10.76
	30	27.63	16	2.83
	31	201.08	186.5	23.84
	32	13.57	7.88	1.41
	33	325.97	213.03	39.16
	34	153.89	157.6	18.51
	35	106.52	99.86	12.72
	36	126.48	120.88	15.17
	37	306.11	295.65	36.8
	38	2.29	1.72	0.28
	39	138.41	126.64	16.66
	40	95.25	90.8	11.38
	41	275.54	268.13	33.11
	合计	3805.26	3138.91	561.26

小流域	控制子单元	TN/(kg/a)	TP/(kg/a)	NH₄/(kg/a)
十里河	5	210.45	206.21	25.37
	6	163.27	154.46	19.64
	7	136.76	126.01	16.32
	8	35.4	0.51	3.57
	11	97.94	93.51	11.75
	14	147.35	149.97	17.66
	15	233.07	155.72	27.71
	21	210.24	205.49	25.22
	合计	1234.48	1091.88	147.24

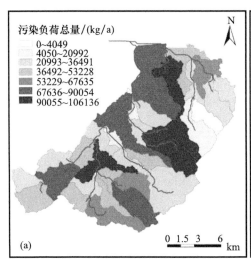

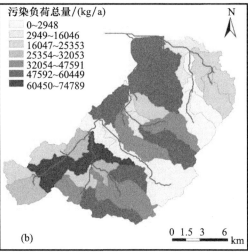

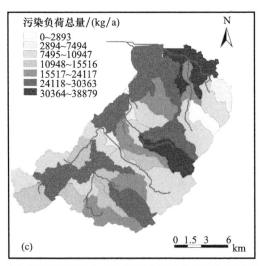

图 3.16 八里湖流域 TN(a)、TP(b)和氨氮(c)污染负荷总量空间分布

3.4.3　流域控制子单元对入湖河口污染的贡献

3.4.3.1　各控制子单元对入湖河口的污染贡献率

从 TN 贡献率来看,子流域 25 的贡献最大,贡献率为 6.3%;其次是子流域 29,贡献率为 6.0%;再次是子流域 18、子流域 7、子流域 20、子流域 33,贡献率为 5.0%~6.0%;再次是子流域 9、子流域 13、子流域 23、子流域 40、子流域 34、子流域 41、子流域 35、子流域 26,贡献率依次减少,为 3.0%~5.0%;其他子流域相对较少,其中子流域 12 最少,几乎为 0。

从 TP 贡献率来看,子流域 29 的贡献最大,为 295.65 t/a,贡献率为 7.0%;其次是子流域 33,贡献率为 6.3%;再次是子流域 7、子流域 13、子流域 18、子流域 25,贡献率依次减少,为 5.0%~6.0%;再次是子流域 34、子流域 41、子流域 23、子流域 20、子流域 26、子流域 40、子流域 35、子流域 39、子流域 31、子流域 36,贡献率依次减少,为 3.0%~5.0%;其他子流域相对较少,其中子流域 12 最少,几乎为 0。

从氨氮贡献率来看,子流域 7 的贡献最大,为 52.70 t/a,贡献率为 7.0%;其次是子流域 18,贡献率为 6.4%;再次是子流域 5、子流域 6、子流域 25,贡献率为 5.0%~6.0%;再次是子流域 23、子流域 29、子流域 20、子流域 33、子流域 9、子流域 13、子流域 40、子流域 11、子流域 34、子流域 41,贡献率依次减少,为 3.0%~5.0%;其他子流域相对较少,其中子流域 12 最少,几乎为 0。

具体各子流域对入湖河口的污染贡献率情况见图 3.17。

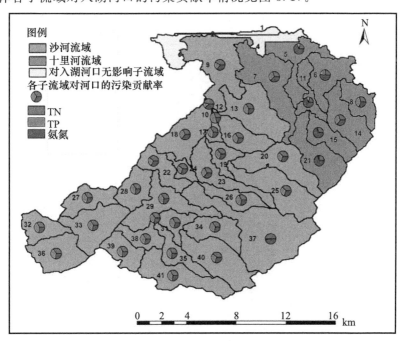

图 3.17　八里湖各子流域对入湖河口的污染贡献率

3.4.3.2 不同类型污染源对入湖河口的污染贡献率

从 TN 贡献率来看,沙河流域对入湖河口的贡献率大于十里河。施肥的贡献率最大,占 59.6%;其次是土壤背景值,占 34.7%;城市生活点源、城镇未收集污染源、农村生活相对较少,占 1.0%~3.0%;工业点源和集中畜禽养殖点源的贡献率非常少。

从 TP 贡献率来看,沙河流域对入湖河口的贡献率大于十里河。施肥的贡献率最大,占 71.7%;其次是土壤背景值,占 27.4%;农村生活和城镇未收集污染源较少,占 0.2% 和 0.6%;其他类型几乎影响非常小。

从氨氮贡献率来看,沙河流域对入湖河口的贡献率大于十里河。施肥的贡献率最大,占 53.0%;其次是土壤背景值,占 23.7%;农村生活和城镇未收集污染源较少,占 4.68% 和 13.1%;工业点源、集中畜禽点源、农村生活的影响非常小,分别为 0.4%、0.7% 和 4.4%。

总体来看,沙河相比较十里河,对八里湖的 TN、TP 和氨氮的贡献率均较大,这与沙河流域的面积较大有很大关系。从污染源来看,面源污染对入湖河口的污染贡献率大于点源,最主要的污染类型是施肥和土壤的背景值。

3.5 湖泊流域污染源数值解析

为了计算分析污染源对八里湖体水质直接贡献情况,选择了湖体 5 个具有代表性的水质点位(其中北湖区域 3 个点,南湖区域 2 个点,具体位置如图 3.18 所示),详细分析 20 个污染源对八里湖水质浓度的直接贡献。为方便后续分析,采用污染源编码代替名称,污染源编码对应含义见表 3.9。

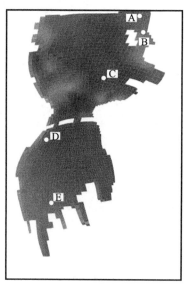

图 3.18 八里湖水质直接源解析点位分布

3.5.1　污染源对水质贡献的时空变化

3.5.1.1　湖体 TN 的解析

图 3.19～图 3.24 展示了污染源对湖体五个水质点位 TN 浓度随时间变化的模拟结果。

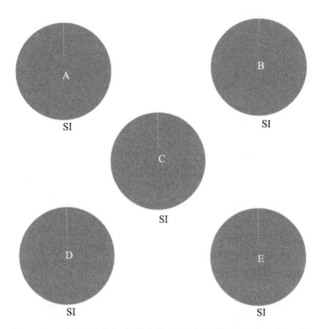

图 3.19　八里湖五个水质点位 TN 直接源解析结果($d=2$)

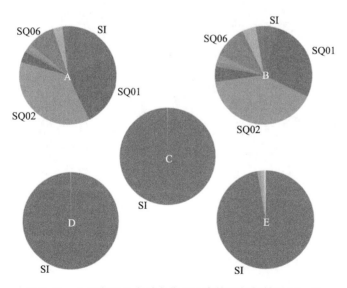

图 3.20　八里湖五个水质点位 TN 直接源解析结果($d=5$)

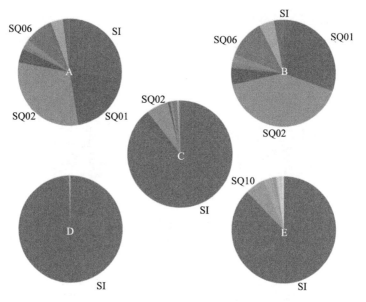

图 3.21　八里湖五个水质点位 TN 直接源解析结果($d=15$)

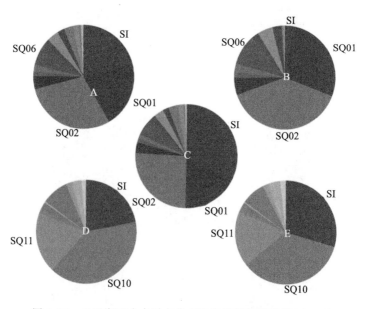

图 3.22　八里湖五个水质点位 TN 直接源解析结果($d=40$)

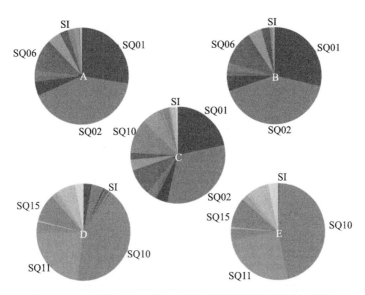

图 3.23 八里湖五个水质点位 TN 直接源解析结果($d=200$)

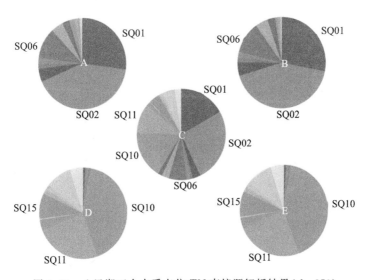

图 3.24 八里湖五个水质点位 TN 直接源解析结果($d=350$)

从八里湖五个水质点位 TN 直接源解析结果可以看出,在模型最初开始运行的时候,初始条件(SI 表示)占据主导地位,这个时间点各个点位水质与流域污染源还没有到达响应的时间节点。当模型运行到 $d=5$ 时,北湖区域水质点位 B 首先发生响应,随后北湖区域水质点位 A 和 C 发生响应,最后是南湖区域水质点位 E 和 D 发生响应,此时十里河子流域 SQ02、SQ01 和 SQ06 等污染源的贡献率增大。当模型运行到 $d=15$ 时,外界污染源输入的污染物开始对 E 和 D 两个水质点位产生影响,随着时间的推移,初始条件对各个水质点位的影响逐渐减小。

随着时间的变化,从图 3.22 和图 3.23 中可以看出,污染源对湖体中五个水质监测点位的污染贡献率变化较明显,且不同监测点位的污染贡献组成有显著差别。位于八里湖北湖区域的水质点位 A、B 和 C 的 TN 浓度,主要受到上游十里河子流域污染源的影响,源解析结果中 SQ01 和 SQ02 的贡献较大,但 A,B 和 C 点的污染源贡献组成差异明显,除了 SQ01 和 SQ02 的贡献外,靠近十里河水质点位 A 和 B 点受到 SQ06 的影响相对较大,而位于湖心区 C 点则受到 SQ10 的影响较大。相比而言,位于南湖区域的水质点位 D 和 E 的 TN 浓度,由于靠近上游沙河流域,主要受到 SQ10 和 SQ11 的贡献影响,其他污染源如 SQ15 贡献也较大。

根据上述结果分析,模型运行至 $d=200$ 时,初始条件对八里湖五个水质点位 TN 浓度的影响已基本消除,八里湖 TN 浓度主要受到外来污染源的影响。十里河子流域污染源 SQ01 和 SQ02 是影响北湖 A、B 和 C 三个点 TN 的主要污染源,而湖心 C 点同时还受到沙河子流域污染源 SQ10 和 SQ11 的影响,沙河子流域污染源 SQ10 和 SQ11 是影响南湖 D 点和 E 点 TN 的主要污染源,虽然在考虑不同的点位的时候,污染源贡献会有一些变化。

3.5.1.2 湖体 TP 的解析

图 3.25～图 3.30 展示了污染源对湖体五个水质点位 TP 污染贡献的模拟结果。整体上,湖体五个点位 TP 的污染贡献组成与 TN 总体保持一致,但 TP 整体响应时间要稍早于 TN 的响应时间。在模型运行初期 $d=2$,北湖区域 B 点已发生响应,虽然初始条件占主导影响,但是十里河子流域污染源 SQ01 和 SQ02 对 B 点 TP 浓度也有一定的贡献。在模型运行至 $d=5$ 时,A 点也开始响应,A 和 B 点初始条件的影响在逐渐减小,十里河子流域污染源 SQ01、SQ02 和 SQ06 的贡献逐渐增加,其中污染源 SQ02 为这两点 TP 浓度的主要贡献源。模型运行至 $d=40$ 时,五个水质点位的 TP 都发生响应,但是 TP 浓度仍然受到初始条件的影响,北湖区域 A、B、C 点的 TP 浓度主要受到十里河子流域 SQ01、SQ02 和 SQ06 的影响,南湖区域 D 和 E 点的 TP 浓度主要受到十里河子流域 SQ10、SQ11 和 SQ15 的影响。模型运行至 $d=200$ 时,初始条件的湖体 TP 的影响已基本消除,湖体 TP 浓度主要来源于外来污染源的影响,北湖区域 A、B、C 点 TP 浓度主要来自十里河子流域污染源 SQ01、SQ02 和 SQ06,湖心 C 点 TP 浓度还受到沙河子流域污染源 SQ10 的影响,南湖区域 D 和 E 点 TP 浓度主要来自沙河子流域污染源 SQ10、SQ11 和 SQ15。

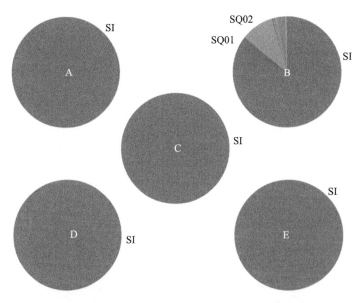

图 3.25 八里湖五个水质点位 TP 直接源解析结果(d=2)

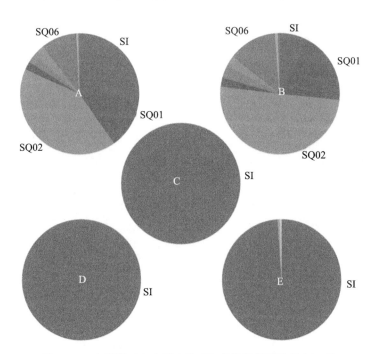

图 3.26 八里湖五个水质点位 TP 直接源解析结果(d=5)

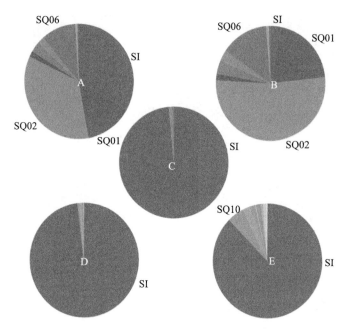

图 3.27 八里湖五个水质点位 TP 直接源解析结果($d=15$)

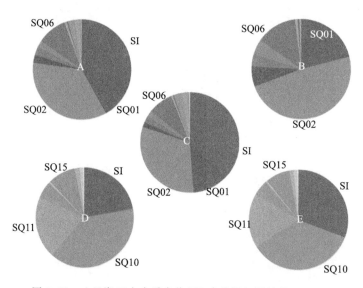

图 3.28 八里湖五个水质点位 TP 直接源解析结果($d=40$)

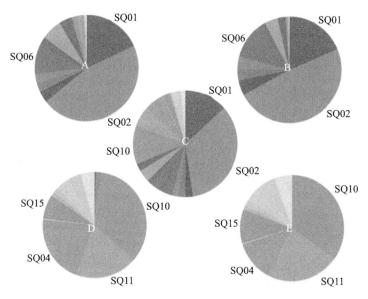

图 3.29　八里湖五个水质点位 TP 直接源解析结果(d=200)

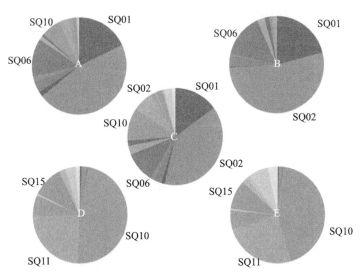

图 3.30　八里湖五个水质点位 TP 直接源解析结果(d=350)

3.5.1.3　湖体氨氮的解析

图 3.31～图 3.36 展示了污染源对湖体五个水质点位氨氮污染贡献的模拟结果。可以看出,湖体五个点位氨氮的响应顺序和 TN、TP 是保持一致的,但氨氮的整体响应时间要早于 TP、TN 的响应时间。模型运行至 d=40 时,初始条件对湖体五个点位的氨氮影响已经基本消除,湖体氨氮浓度主要来源于外来污染源的影响,与

湖体 TN 和 TP 浓度贡献组成稍有不同,北湖区域 A、B、C 点氨氮主要来源于十里河子流域污染源 SQ01、SQ02、SQ06 和 SQ09;与 TN、TP 类似的是,湖心 C 点同时受到沙河子流域污染源 SQ10 和 SQ11 的影响。南湖区域 D 和 E 点氨氮主要来源于沙河子流域污染源 SQ10、SQ11 和 SQ15。

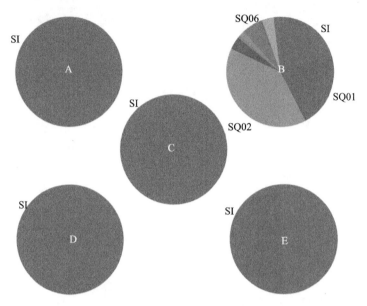

图 3.31　八里湖五个水质点位氨氮直接源解析结果($d=2$)

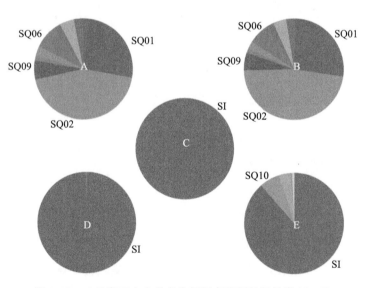

图 3.32　八里湖五个水质点位氨氮直接源解析结果($d=5$)

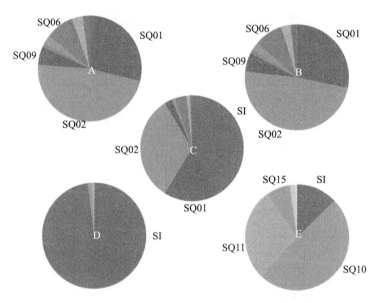

图 3.33　八里湖五个水质点位氨氮直接源解析结果($d=15$)

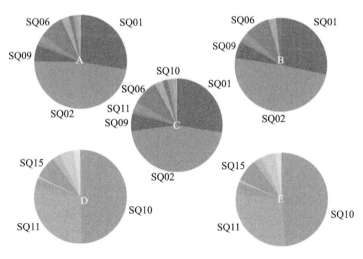

图 3.34　八里湖五个水质点位氨氮直接源解析结果($d=40$)

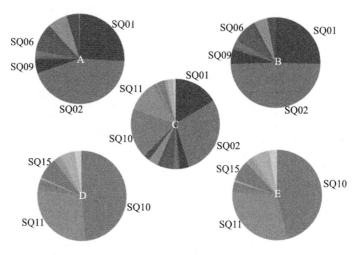

图 3.35 八里湖五个水质点位氨氮直接源解析结果($d=200$)

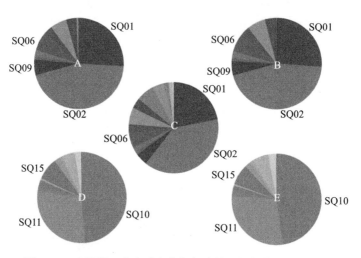

图 3.36 八里湖五个水质点位氨氮直接源解析结果($d=350$)

3.5.2 污染源对水质贡献的时空动态性分析

从源解析结果可以看出,污染源对水质的贡献在时空上是动态变化的,不同空间点位的源解析结果是有差异的,同一点位不同时间的源解析结果也是变化的。对于湖体 A、B、C、D、E 点来说,污染源对水质的贡献是不同的,北湖区域主要受十里河子流域污染源的影响,由于北湖区域处于湖体下湖区,同时也会受到沙河子流域污染源的影响,南湖区域主要受沙河子流域污染源的影响。对于同一个点位,不同时间污染源的贡献是变化的。如以湖心 C 点 TN 解析为例,从 $d=200$ 到 $d=350$ 时,污染源 SQ02 对水质的贡献减少了,污染源 SQ10 的贡献增加了,而对于 E 点来说,模型稳定后的源解析结果几乎没有太大变化。这说明,水质管理需要考虑污染源影响的时间动态变化,基于水质目标实施不同季节污染控制模式,需要厘清污染贡献,实施有针对性的污染控制。同时可以看出,不同点位动态性差异也较大,如果关注 E 点,因为动态性不强,可以采用较长的时间尺度管理,但是对于动态性较明显的点位,如湖心区 C 点,在长时间尺度上执行单一控制策略并不合适。由此,实行分季节还是实行分年度污染源的控制方案,还需要关注目标点位时间尺度的动态性强弱变化。

根据污染源对水质贡献的动态性变化分析可以看出,采用年均目标的管理模式容易产生偏差。如果某个点位污染源贡献率动态性太强,而又比较重要,同时又关注该点位某个时间的达标情况,在这样的情况下,使用监测点位年均浓度值考核的管理模式达不到效果。因为对于动态性比较强的点位,全年平均结果并不能反映出重要时间节点的污染源贡献情况。所以要充分考虑到污染源对水质贡献的动态性,准确掌握污染源与水质响应关系,才能做出有效的管控方案。

3.5.3 污染负荷与水质贡献的关系

总体上,一个污染源所输入的营养盐越多,其对水质的贡献越大,但这并不是对每个点都是如此。因为水体有自身的流体力学特征,所以扩散过程、降解过程的空间差异比较明显。对于政府决策来说,主要关注考核断面的达标情况,所以对于考核断面各个污染源的贡献程度才是决策和分析的基本出发点。图 3.37 和图 3.38 分别展示了三个控制断面(北湖湖心 C、南北湖交接点 D 及南湖湖心 E)各个污染源对水质 TN 和 TP 的贡献。

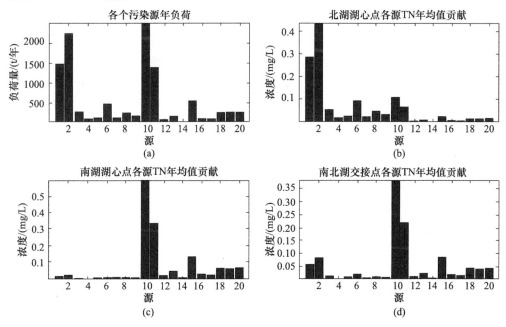

图 3.37 三个控制断面中各个污染源对水质 TN 年均值的贡献

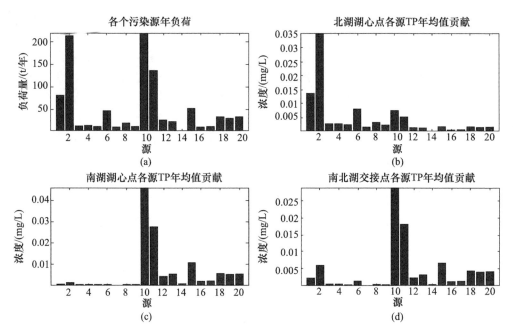

图 3.38　三个控制断面中各个污染源对水质 TP 年均值的贡献

从图 3.38 中可以清楚地看到,源 1、源 2、源 10、源 11 是主要的污染源,北湖湖心点控制断面主要受到源 1、源 2 的影响,源 10、源 11 有一定的影响但是并不显著。南湖湖心点控制断面主要受到源 10、源 11 的影响,源 1、源 2 的影响几乎可以忽略不计。南北湖交接点也主要受到源 10、源 11 的影响,源 1、源 2 有一定的影响但是并不显著,这可能是因为控制断面虽然处于南北湖交接点,但还是属于南湖区域,由于八里湖南北湖区水交换条件并不理想,所以南北湖区会有比较明显的区别。这种空间异质性可能也会对决策产生影响,这个会在最终决策做出之后进行评估。

通过上面的分析可以看出,虽然总体上污染源输入得越多对水质污染的贡献越大,但是这种结论并不总是成立的。

3.5.4　空间异质性与全湖水质响应

由于不同污染源在不同点位的贡献是不同的,所以当决策制定之后,考虑参数不确定性的情况下,控制断面的达标几乎是可以得到保证的,但是全湖的水质响应还需要进一步进行分析。基准情景下,在八里湖选择了 51 个点位进行源解析结果的输出,结果情况见图 3.39。

可以看出,这里的结论与前述章节的类似,八里湖南北湖区污染特征差异明显,南北湖区分别受到不同污染源的主导影响。南北湖区不同的是,无论是 TN 还是TP,南湖水质与污染源解析状况相差不大,比较均衡,小部分控制断面(图中箭头所指)的达标程度能保证南湖全区的水质都达标。但是北湖的水质与污染源解析情况相差很大,从东北到西南呈现浓度降低的趋势,而控制断面(图中箭头所指)的污染水平总体处于中等,所以即使北湖控制断面达标,在北湖的北部、东部部分区域水质仍可能部分超标。

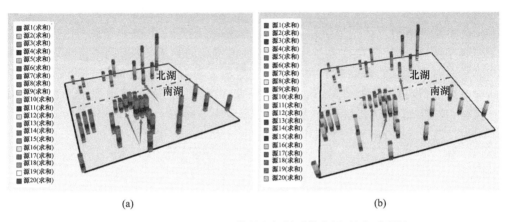

(a)　　　　　　　　　　　　　　　　(b)

图 3.39　TN(a)和 TP(b)贡献的空间异质性分析(见文后彩插)

3.6　本章小结

本章耦合了陆域污染源解析与水体水质贡献解析技术,构建了流域污染源与水质的直接污染源解析模型,即湖泊流域污染源数值解析模型。具体包括构建了八里湖湖体的直接源解析模型,计算了八里湖入湖污染对湖体水质的污染贡献率;建立了八里湖流域的陆域污染源负荷解析模型,构建了八里湖流域控制单元的分区、分级管控体系;耦合了流域控制单元管控-陆域污染源解析-湖体直接源解析模型,构建了湖泊流域污染源数值解析模型;开展了湖泊流域污染源对水体水质贡献的解析,获取所有污染源对水质任意时空点的贡献比例,定量地给出了流域污染源解析结果,准确量化了流域内污染源对全湖水环境质量的贡献率,突破了污染源解析普遍使用的扰动法的效率与精度问题。总体上发现:

污染源对水质的贡献具有较强的异质性。比较了八里湖不同污染源对不同点位的污染贡献发现,八里湖南北湖具有明显的空间异质性,不同监测断面的源解析结果不同。

空间上,不同点位的主要贡献源存在差异,南北湖区四个监测点,源解析结果差异显著。同一污染源对不同的水质监测点位,同样的污染负荷产生的水质贡献不同。总体上,污染源输入的污染负荷越大,对水质的贡献就越大,但是对不同断面影响的效果明显不同。这种空间异质性是决策过程中必须考虑的要素。

时间上,对同一水质监测点位,不同时间源解析的结果也不相同。如果要考虑季节的控制目标,所实施的污染控制策略也不应相同。另外,随着时间变化,不同监测点位的污染源贡献率变化的动态性强弱不同,湖泊水质管理如果不关注这种动态性,采取平均浓度控制模式的决策可能会失效。对于动态性比较强的点位,全年平均结果并不能反映出重要时间节点的污染源贡献情况,所以要充分考虑到污染源对水质贡献的动态性,准确掌握污染源与水质响应关系,才能做出有效的管控方案。

从直接源解析方法和传统扰动法的比较来看,对每一个污染源扰动法需要相应进行扰动试算,并且会在计算过程中出现数值误差的积累;直接源解析可以一次性得到任意时空尺度的精确解。与传统的源解析方法对比,精度能得到验证,并且在各个污染源(包括初始条件)的时空解析精度和准确度上具有其他方法所不可比拟的优势,较传统的数值源解析方法,计算效率大大提高。

第4章　基于污染源解析的精准调控

4.1　削减方案情景设计

4.1.1　污染调控初步方案

根据流域内的污染源情况,通过查阅相关文献、研究成果等,初步分析了在高、中、低不同情境下,流域内污染源调控需要考虑的几种主要评价指标,包括污染源的处理水平、废水处理投资成本、主要污染物的削减比例、管理水平以及环境效益等,见表4.1。上述指标的相关取值为后文优化方案的情境设计提供相应的技术指标,根据流域不同区域的实际需求,科学合理优化组合。

表4.1　流域污染源调控的主要评价指标取值

污染类型	情景设计	说明	最大处理目标/%	吨处理成本/元	COD削减/%	氨氮削减/%	TP削减/%	管理难度评价	环境效益评价
工业废水治理	高	达到一级B	100	4000~4500	94	95	90	较高	好
	中	达到二级	95	3500~4000	90	83	70	中	较好
	低	达到三级	90	3000~3500	88	80	50	低	一般
城市生活污水处理厂建设	高	大型城镇污水处理厂,2万t以上。收集、处理率达到95%。一级A排放标准。成本包括管网建设成本。考虑雨污水分流	95	5300~6500	80	83	83	较高	好
	中	大型城镇污水处理厂,2万t以上。收集、处理率达到90%。一级B排放标准。成本包括管网建设成本。考虑雨污水分流	90	4100~5300	76	73	67	中	较好
	低	大型城镇污水处理厂,2万t以上。收集、处理率达到85%。一级B排放标准。成本包括管网建设成本。考虑雨污水分流	85	3900~4100	76	73	67	中	一般

续表

污染类型	情景设计	说明	最大处理目标/%	吨处理成本/元	COD削减/%	氨氮削减/%	TP削减/%	管理难度评价	环境效益评价
大型集中化畜禽养殖场	高	干清粪,堆肥处理。废水采用厌氧-好氧两段处理	100	20000~35000	90	80	70	高	好
	中	干清粪,堆肥处理。废水采用全混合厌氧沼气工程(CSTR)	100	6000~8000	80	75	60	中	较好
	低	干清粪,堆肥处理。沼气池	100	800~1000	80	60	50	中	一般
小城镇生活污水处理厂建设	高	微动力厌氧沼气净化-潜流人工湿地配套处理技术。包括管网建设成本,不考虑雨污水分流	85	6500~7000	73	80	75	较高	好
	中	化粪池或沼气净化-潜流式人工湿地处理技术。包括管网建设成本,不考虑雨污水分流	80	6000~6500	67	72	73	中	较好
	低	土地快渗或人工湿地。包括管网建设成本,不考虑雨污水分流	50	5800~6000	67	68	73	低	一般
城镇面源治理	高	滞留-渗透-过滤-厌氧-人工湿地组合处理系统	20	2000~2500	80	80	60	较高	好
	中	自然湿地-水生生物塘组合系统	20	1000~1200	61	69	72	中	较好
	低	人工湿地	10	300~500	60	60	60	低	一般
农村分散生活源治理	高	地埋式微动力氧化沟	80	2000~2600	72	80	74	高	好
	中	厌氧池-(接触氧化)-人工湿地	70	800~1000	75	60	80	中	较好
	低	厌氧滤池-氧化塘-植物生态渠	50	1200~1500	70	80	55	低	一般

污染类型	情景设计	说明	最大处理目标/%	吨处理成本/元	COD削减/%	氨氮削减/%	TP削减/%	管理难度评价	环境效益评价
种植业面源治理	高	植被缓冲带-人工湿地-化肥减施	50	1500～2000	20	30	30	高	好
	中	植被缓冲带-土壤渗滤	40	1000～1500	20	20	20	中	较好
	低	快速渗滤系统	30	800～1000	20	15	15	低	一般
畜禽分散源治理	高	干化堆肥-好氧处理	50	800～1000	70	60	80	高	好
	中	干化堆肥-沼气池	40	400～600	70	60	60	中	较好
	低	自然处理-化粪池	30	250～350	70	50	50	低	一般

4.1.2　调控方案设计

根据所分析的污染治理潜力和潜在可以执行的措施,初步确定各类重点源污染负荷治理的上限。

(1)城镇生活治理(源1、2):根据产排污系数法估算,流域内七里湖街道、向阳街道、滨兴街道、沙河街镇、十里河街道、莲花镇六个街镇产生城镇生活污水为4.3万t/d,根据流域内污水处理厂收水范围和处理情况,而流域内只有0.8万t/d的生活污水进入了污水处理厂处理,导致目前还有3.5万t/d的城镇生活污水未进行处理。国家水十条规定,到2020年,县城、城市污水处理率分别达到85%、95%左右;《中共江西省委办公厅江西省人民政府办公厅关于加快百强中心镇建设推进镇村联动发展的意见》提出,到2017年镇区污水收集率达80%左右。未来考虑通过污水处理厂改扩建和配套管网建设与完善,将上述未处理的生活污水纳入污水处理厂进行处理,根据流域内所包含的街镇,保守估计,规划流域内城镇污水处理率目标为85%,考虑到城镇污水处理厂平均去除率情况,初步确定城镇生活污染治理的最大削减率为75%。

(2)工业治理(源3):根据九江市环境统计数据,流域范围的工业企业废水基本都能达标排放,未来通过对相关企业开展治理,做到达标排放,确定工业污染源治理的最大削减率为30%。

(3)规模化畜禽养殖治理(源4):根据九江市环境统计数据,流域内规模化养殖场全部为水冲粪养殖模式,产生的粪便和尿液全部为水冲粪无处理。未来通过规模化养殖污染治理设施建设以及养殖方式改造等措施,减少规模化畜禽养殖场污染物排放,根据总量减排核定技术方法规模化畜禽养殖污染治理设施的去除率为70%,初步确定规模化畜禽养殖污染治理最大削减率为45%。

（4）农村生活治理（源 5、6、7、8）：根据产排污系数法估算，流域内沙河街镇、十里河街道、莲化镇、赛阳镇四个街镇产生农村生活污水为 6500 t/d 左右，这部分农村生活污水处于分散排放状态，基本未处理。《江西省改善农村人居环境行动计划》提出，到 2020 年，农村生活污水处理率达 70% 以上，未来建设农村分散式生活污水处理设施进行治理。当前，考虑到农村分散式污水处理设施在八里湖流域的可行性，进行全流域计算平均去除率，初步确定农村生活污染治理的最大削减率为 45%。

（5）农业施肥治理（源 9、10、11、12）：根据九江市统计年鉴，单位播种面积施肥量庐山区为 407 kg/hm²，九江开发区为 641 kg/hm²，九江县为 455 kg/hm²，三个区县的平均值为 501 kg/hm²。根据《中国统计年鉴》，江西省单位播种面积施肥量为 250 kg/hm²。初步确定通过调整种植结构、推广测土配方施肥等措施，流域内单位播种面积施肥量能减少到江西省的平均值，农业施肥污染治理的最大削减率为 45%。

（6）末端生态治理（源 14）：由于水土流失等造成的土壤中的污染物进入河流，只能通过采取植树造林、建设河湖滨带以及河口人工湿地等生态措施减少进入到湖体的污染。查阅现有相关文献和一些人工湿地的实际运行效果，初步确定末端生态治理措施的最大削减率为 40%。

根据所分析的污染治理潜力和潜在可以执行的措施，初步确定各类重点源污染负荷进一步治理的上限，各个污染源新增削减率的约束上下界见表 4.2。

表 4.2　八里湖污染源新增削减率约束

	序号	污染源	削减率下界	削减率上界/%
十里河	1	4、5、7 城镇面源，5、7 农村生活，7 污水处理厂	0	75
	2	1、6、11、21 城镇面源，6、11 农村生活	0	75
	3	1、5、7、8、11 工业	0	30
	4	14 规模化养殖场	0	45
	5	8 城镇面源，8 农村生活	0	45
	6	14、15 城镇面源，14、15、21 农村生活	0	45
	7	5、6、8 施肥	0	45
	8	7、11、14、15、21 施肥	0	45
	9	5、6、7、8、11、14、15、21 背景	0	40
	10	9、10、18、22、24 城镇面源，18、22、24 农村生活，18、23 城镇污水处理厂	0	75

续表

	序号	污染源	削减率下界	削减率上界/％
	11	2、13、17、19、20、23、25、26、29 城镇面源,13、17、19 农村面源	0	75
	12	16、23、24、37 工业	0	30
	13	22、23、37 规模化养殖场	0	45
	14	16 城镇面源,16、20 农村生活	0	45
	15	37 城镇面源,23、25、26、37 农村生活	0	45
沙河	16	28、31 城镇面源,28、29、31 农村生活	0	45
	17	13、16、20 施肥	0	45
	18	23、25、26、34、35、37、40、41 施肥	0	45
	19	9、10、12、17、18、19、22、24、29、30、31、38、39 施肥	0	45
	20	9、10、12、13、16、17、18、19、20、22、23、24、25、26、29、30、31、34、35、37、38、39、40、41 背景	0	40

4.2 基准情景分析

4.2.1 污染负荷与水质贡献的特性

无论是南北湖区,还是不同的监测点位,主要污染源对于控制断面的影响存在明显的空间异质性,这种空间异质性可能也会对决策产生影响,这个会在最终决策做出之后进行评估。在流域管理中,虽然总的来说,污染源输入的污染物质越多,其对水质的贡献越大,但是对于某个特定断面并不成立,因此,满足于控制断面的水质目标管理,污染源解析以及解析结果的空间异质性必须受到极大的重视。

4.2.2 调控-响应关系形态评估

一般认为,由于降解、扩散等非线性因素的存在,调控与水质响应对应的关系并不是线性的,但是在本案例的研究中发现,这种非线性的因素非常小,几乎可以忽略不计。线性是指某一污染源对某个断面的水质 TN 年均值的贡献浓度为 A,当这个污染源削减 a％ 的负荷的时候,对应的水质贡献也相应削减 a％。案例中,设置 5％,35％,65％,95％ 的削减量来测试这种非线性的程度,如图 4.1 所示为削减 35％ 的情况下,线性化的结果和将负荷削减 35％ 后再用直接源解析算出来的结果的对比。

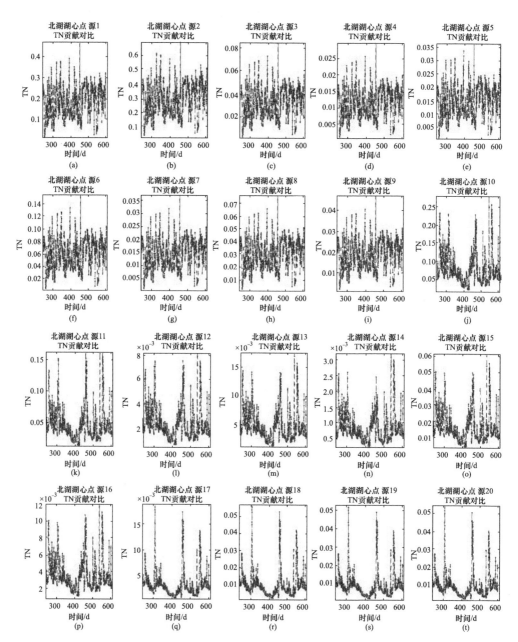

图 4.1　北湖湖心点各个源削减与水质响应的非线性分析（见文后彩插）
（红点表示线性化结果，蓝线表示削减后直接源解析计算结果）

可以看出,线性化的结果和通过源解析计算出来的结果相差不大。进一步地,可以计算出在削减 5％,35％,65％,95％的情况下的结果和直接线性化的结果对比,计算均方根误差,可以得到不同断面不同源的结果的差异性,见表 4.3～表 4.5。

表 4.3　北湖湖心点各个源削减-水质响应与线性化结果的均方根误差

削减率	北湖湖心点 TN				北湖湖心点 TP			
	5％	35％	65％	95％	5％	35％	65％	95％
源 1	4.8E-05	2.9E-04	4.9E-04	3.6E-04	7.7E-06	4.2E-05	5.1E-05	1.7E-05
源 2	6.1E-05	3.7E-04	6.3E-04	5.3E-04	2.1E-05	1.2E-04	1.6E-04	5.6E-05
源 3	2.0E-05	1.2E-04	1.6E-04	6.2E-05	1.3E-06	6.9E-06	8.0E-06	2.7E-06
源 4	9.1E-06	5.0E-05	5.7E-05	2.0E-05	9.0E-07	4.6E-06	5.8E-06	2.7E-06
源 5	1.2E-05	6.7E-05	7.7E-05	2.7E-05	9.5E-07	5.1E-06	6.0E-06	2.4E-06
源 6	2.9E-05	1.7E-04	2.5E-04	1.2E-04	4.1E-06	2.1E-05	2.6E-05	9.1E-06
源 7	1.1E-05	6.1E-05	7.3E-05	2.6E-05	7.3E-07	3.7E-06	4.1E-06	1.6E-06
源 8	1.9E-05	1.2E-04	1.5E-04	5.6E-05	2.1E-06	1.0E-05	1.1E-05	3.3E-06
源 9	1.5E-05	8.1E-05	9.8E-05	3.4E-05	1.1E-06	5.2E-06	5.7E-06	2.0E-06
源 10	4.8E-05	2.9E-04	4.0E-04	2.2E-04	6.5E-06	3.7E-05	4.4E-05	1.6E-05
源 11	3.1E-05	1.8E-04	2.6E-04	1.3E-04	4.6E-06	2.5E-05	3.1E-05	1.0E-05
源 12	1.7E-06	9.7E-06	1.3E-05	8.5E-06	1.6E-07	1.0E-06	1.4E-06	4.6E-07
源 13	4.5E-06	2.4E-05	2.8E-05	1.5E-05	5.4E-07	3.0E-06	3.7E-06	1.8E-06
源 14	8.5E-07	4.9E-06	7.4E-06	3.8E-06	8.5E-08	5.2E-07	7.7E-07	5.0E-07
源 15	1.9E-05	1.0E-04	1.2E-04	4.8E-05	1.2E-06	6.7E-06	8.0E-06	3.5E-06
源 16	3.0E-06	1.6E-05	1.9E-05	1.1E-05	2.1E-07	1.2E-06	1.6E-06	9.6E-07
源 17	3.7E-06	2.4E-05	2.6E-05	1.1E-05	5.4E-07	3.3E-06	4.1E-06	1.2E-06
源 18	9.9E-06	5.9E-05	7.2E-05	3.0E-05	2.3E-06	1.4E-05	1.5E-05	4.1E-06
源 19	9.4E-06	5.6E-05	6.7E-05	2.8E-05	2.2E-06	1.4E-05	1.4E-05	3.8E-06
源 20	9.6E-06	5.7E-05	7.0E-05	2.9E-05	2.4E-06	1.4E-05	1.5E-05	4.0E-06

表 4.4　南湖湖心点各个源削减-水质响应与线性化结果的均方根误差

削减率	南湖湖心点 TN				南湖湖心点 TP			
	5％	35％	65％	95％	5％	35％	65％	95％
源 1	5.7E-06	3.2E-05	4.3E-05	2.6E-05	2.2E-07	1.2E-06	1.7E-06	1.3E-06
源 2	8.5E-06	4.7E-05	6.3E-05	3.8E-05	9.0E-07	4.8E-06	4.9E-06	2.2E-06
源 3	1.7E-06	9.6E-06	1.3E-05	6.9E-06	8.1E-08	5.0E-07	8.0E-07	5.8E-07
源 4	6.6E-07	3.7E-06	5.2E-06	3.2E-06	8.2E-08	5.4E-07	8.2E-07	6.1E-07
源 5	8.4E-07	4.6E-06	6.2E-06	3.8E-06	8.0E-08	5.0E-07	7.7E-07	5.5E-07
源 6	2.1E-06	1.2E-05	1.8E-05	1.1E-05	1.3E-07	8.3E-07	1.2E-06	9.9E-07
源 7	8.3E-07	4.6E-06	6.1E-06	3.7E-06	7.0E-08	4.6E-07	6.9E-07	4.0E-07
源 8	1.6E-06	8.9E-06	1.2E-05	6.4E-06	8.3E-08	5.5E-07	9.1E-07	6.4E-07

续表

	南湖湖心点 TN				南湖湖心点 TP			
削减率	5％	35％	65％	95％	5％	35％	65％	95％
源 9	1.3E-06	6.1E-06	7.6E-06	4.5E-06	7.5E-08	5.0E-07	7.6E-07	4.8E-07
源 10	4.9E-05	2.7E-04	4.5E-04	5.3E-04	1.5E-05	9.1E-05	1.2E-04	5.4E-05
源 11	3.3E-05	1.8E-04	3.0E-04	3.1E-04	8.3E-06	4.7E-05	6.2E-05	3.0E-05
源 12	5.9E-06	3.1E-05	3.4E-05	1.5E-05	2.2E-06	1.2E-05	1.7E-05	1.0E-05
源 13	1.1E-05	5.8E-05	7.0E-05	3.2E-05	1.3E-06	7.4E-06	8.9E-06	4.7E-06
源 14	2.7E-06	9.0E-06	1.1E-05	5.9E-06	1.4E-07	8.7E-07	1.4E-06	1.4E-06
源 15	2.1E-05	1.2E-04	1.8E-04	1.2E-04	3.2E-06	1.8E-05	2.2E-05	1.0E-05
源 16	7.5E-06	4.1E-05	4.7E-05	2.1E-05	4.3E-07	2.4E-06	3.3E-06	2.3E-06
源 17	6.4E-06	3.6E-05	4.4E-05	2.1E-05	9.7E-07	5.8E-06	7.6E-06	3.6E-06
源 18	1.3E-05	7.3E-05	9.8E-05	6.2E-05	2.0E-06	1.2E-05	1.6E-05	8.3E-06
源 19	1.2E-05	7.0E-05	9.3E-05	5.7E-05	1.9E-06	1.2E-05	1.5E-05	7.8E-06
源 20	1.3E-05	7.2E-05	9.6E-05	6.0E-05	1.9E-06	1.2E-05	1.6E-05	8.1E-06

表 4.5 南北湖交接点各个源削减-水质响应与线性化结果的均方根误差

	南北湖交接点 TN				南北湖交接点 TP			
削减率	5％	35％	65％	95％	5％	35％	65％	95％
源 1	1.8E-05	1.0E-04	1.5E-04	1.1E-04	3.4E-06	1.9E-05	2.3E-05	6.3E-06
源 2	2.4E-05	1.4E-04	2.0E-04	1.4E-04	5.9E-06	3.8E-05	5.9E-05	2.0E-05
源 3	7.5E-06	4.5E-05	6.3E-05	2.8E-05	4.8E-07	2.7E-06	3.3E-06	1.4E-06
源 4	4.2E-06	2.4E-05	3.0E-05	1.1E-05	2.8E-07	1.7E-06	2.2E-06	1.2E-06
源 5	4.4E-06	2.7E-05	3.6E-05	1.3E-05	4.2E-07	2.2E-06	2.5E-06	1.3E-06
源 6	9.5E-06	5.9E-05	8.7E-05	4.8E-05	1.8E-06	9.6E-06	1.1E-05	3.2E-06
源 7	4.6E-06	2.8E-05	3.7E-05	1.3E-05	2.0E-07	1.3E-06	1.7E-06	8.7E-07
源 8	6.9E-06	4.2E-05	6.1E-05	2.6E-05	5.4E-07	3.4E-06	3.8E-06	1.4E-06
源 9	5.3E-06	3.2E-05	4.6E-05	1.7E-05	3.0E-07	1.5E-06	2.2E-06	1.0E-06
源 10	4.4E-05	2.8E-04	4.5E-04	4.4E-04	1.4E-05	8.2E-05	1.0E-04	3.9E-05
源 11	2.8E-05	1.8E-04	3.0E-04	2.6E-04	8.0E-06	4.4E-05	5.7E-05	2.2E-05
源 12	4.5E-06	2.4E-05	2.9E-05	1.3E-05	1.9E-06	1.0E-05	1.3E-05	5.1E-06
源 13	9.3E-06	4.8E-05	5.7E-05	2.7E-05	1.1E-06	5.9E-06	7.4E-06	3.7E-06
源 14	1.8E-06	7.8E-06	9.3E-06	5.2E-06	1.3E-07	7.6E-07	1.2E-06	9.9E-07
源 15	2.0E-05	1.2E-04	1.8E-04	1.0E-04	2.7E-06	1.5E-05	1.8E-05	7.8E-06
源 16	5.8E-06	3.2E-05	4.1E-05	1.9E-05	3.8E-07	2.1E-06	2.9E-06	1.8E-06

削减率	南北湖交接点 TN				南北湖交接点 TP			
	5%	35%	65%	95%	5%	35%	65%	95%
源 17	5.7E-06	3.2E-05	4.2E-05	1.9E-05	1.0E-06	6.2E-06	7.3E-06	2.2E-06
源 18	1.5E-05	1.0E-04	1.2E-04	5.8E-05	2.9E-06	1.6E-05	2.1E-05	7.2E-06
源 19	1.6E-05	9.8E-05	1.1E-04	5.4E-05	2.5E-06	1.4E-05	1.9E-05	6.6E-06
源 20	1.5E-05	1.0E-04	1.2E-04	5.6E-05	2.8E-06	1.5E-05	2.1E-05	7.0E-06

可以看出,均方根误差的量级均在 E-4 到 E-6 之间,可见误差非常小。这表明,使用该方法体系获取的结果具有较好的去非线性特征,根据直接源解析的结果可以直接构建线性优化模型,并且得到的优化模型是可靠的。

4.2.3　基准情景下的调控优化

在基准情景下,以削减率最小为目标,基于三个控制断面(北湖湖心 C、南北湖交接点 D 及南湖湖心 E),以Ⅲ类水为约束条件,建立线性优化模型,并进行求解,求解结果如表 4.6 所示。

表 4.6　基准情景下的削减方案

污染源	各源新增削减率	
	TN 最优削减方案/%	TP 最优削减方案/%
源 1	45.7	0.0
源 2	0.0	59.9
源 3	30.0	30.0
源 4	45.0	45.0
源 5	0.0	45.0
源 6	45.0	45.0
源 7	0.0	0.0
源 8	0.0	0.0
源 9	0.0	0.0
源 10	71.4	75.0
源 11	0.0	75.0
源 12	30.0	30.0
源 13	45.0	45.0
源 14	45.0	45.0
源 15	0.0	45.0
源 16	0.0	45.0
源 17	0.0	0.0

续表

污染源	各源新增削减率	
	TN 最优削减方案/%	TP 最优削减方案/%
源 18	0.0	45.0
源 19	0.0	0.0
源 20	0.0	14.6

从结果可以看出,虽然仅选取了三个控制断面,但是在削减方案中,无论 TN 还是 TP,贡献最大的不一定是优先需要削减的。表 4.7 显示各个控制断面所需要的削减情况。

表 4.7　基准情景下各个控制断面 TN、TP 所需要的浓度削减

控制断面	TN/(mg/L)	TP/(mg/L)
北湖湖心点	0.2869	0.0395
南湖湖心点	0.4983	0.0738
南北湖交接点	0.1021	0.0367

可以看出,关于 TN 污染,南湖湖心点所需要的削减量比较大,而 TP 也是,但是由于南北湖的污染特征不同,不同点位受到特定污染源的影响也不同,所以这里存在最优决策的优化空间。

从方案的结果上可以看出,为了达到水质标准,TN、TP 的新增削减主要集中在城镇面源、农村生活、污水处理厂、工业源、规模化养殖场,对这几部分的污染源进行削减三个控制断面的 TN 是可以达标的,而 TP 的达标方案中还需要对施肥以及土壤进行治理才可以。另外,很多污染源达到了削减上限,意味着对部分的污染源提出了很大的挑战。在优化的过程中并没有充分考虑到 TN、TP 的协同效应,但是可以根据最优解进行部分调整,以使得最终方案更加切合实际。

4.3　参数不确定性影响分析

4.3.1　不确定性参数抽样实验设计

案例中需要考虑的不确定性参数包括对源解析结果有较大影响的,而且有实际意义的。初步选取了 4 个参数,即 TN 的沉降系数(TN-KD)和降解系数(TN-KS),TP 的沉降系数(TP-KD)和降解系数(TP-KS),4 个参数相互独立而且参考的取值范围均在 0～0.2。一般的抽样采用随机采样的方法,但是随机采样在高维参数的情况下并不能保证情景的绝对均匀,为了使得所抽到的不确定参数能够尽可能覆盖到足够多的情景,采用拉丁超立方抽样的方法,抽取 40 组可能的参数组合,抽样结果如表 4.8 所示。

表 4.8　TN、TP 沉降系数、降解系数拉丁超立方抽样结果

序号	TN-KD	TN-KS	TP-KD	TP-KS	序号	TN-KD	TN-KS	TP-KD	TP-KS
1	0.1431	0.1392	0.0513	0.1436	21	0.0068	0.0268	0.0353	0.1078
2	0.1528	0.0754	0.0874	0.1941	22	0.0943	0.0559	0.1543	0.0151
3	0.0755	0.0967	0.0556	0.1756	23	0.0214	0.1749	0.1904	0.1164
4	0.126	0.1854	0.049	0.031	24	0.0331	0.0362	0.0978	0.1263
5	0.1205	0.0919	0.164	0.1953	25	0.134	0.0609	0.1816	0.0399
6	0.1957	0.0342	0.0288	0.0825	26	0.049	0.145	0.1211	0.0996
7	0.107	0.0236	0.1872	0.1643	27	0.1029	0.0805	0.0437	0.1024
8	0.1877	0.0867	0.1352	0.0727	28	0.0626	0.1348	0.1662	0.1822
9	0.0288	0.0441	0.1012	0.17	29	0.0036	0.1579	0.0947	0.0677
10	0.1629	0.1515	0.1336	0.1581	30	0.0674	0.0016	0.1064	0.0866
11	0.1705	0.1765	0.0692	0.0231	31	0.1805	0.0458	0.0223	0.0021
12	0.1934	0.1927	0.1978	0.0476	32	0.0815	0.1173	0.0822	0.1353
13	0.1378	0.1684	0.078	0.1893	33	0.1574	0.161	0.113	0.0069
14	0.111	0.0729	0.119	0.1322	34	0.018	0.1263	0.0079	0.1476
15	0.04	0.104	0.0049	0.0432	35	0.0893	0.0149	0.1585	0.1139
16	0.1478	0.0154	0.1711	0.1715	36	0.0392	0.0052	0.1439	0.0547
17	0.0977	0.0508	0.1284	0.0773	37	0.0747	0.1975	0.0339	0.029
18	0.1687	0.1067	0.1756	0.0116	38	0.0549	0.1823	0.0103	0.1212
19	0.0131	0.067	0.0629	0.1541	39	0.1797	0.1204	0.0195	0.0932
20	0.056	0.1458	0.1469	0.0613	40	0.1151	0.11	0.0729	0.0582

4.3.2　合理参数筛选

参数的合理性决定着水质模拟结果的好坏。一组参数的组合如果得到的水质模拟结果和实际相差很大,那么这一组参数的组合实际上没有实际意义,在此基础上的优化决策也没有任何意义。而衡量水质模拟结果好坏的一种常用的方法是均方根误差,其计算方法如下:

$$\text{RMS}_k = \sqrt{\frac{1}{n}\sum_{i=1}^{n}(y_{ki}-ym_{ki})^2} \tag{4.1}$$

式中,RMS_k 表示第 k 个点位的均方根误差,y_{ki} 代表第 k 个点位 i 时刻的模拟值,ym_{ki} 代表第 k 个点位 i 时刻的观测值。

根据观测数据,考虑模拟时间段 2014 年 4 月 10 日至 2015 年 8 月 31 日,选择了具有监测数据的 11 个监测点位,用于进行模拟和实际监测数据比对。据此计算出不同参数组合以及基准情景各个点位的均方根误差,见表 4.9 和表 4.10。

表 4.9 不同参数组合下 11 个点位的 TN 均方根误差

参数组合	点 1	点 2	点 3	点 4	点 5	点 6	点 7	点 8	点 9	点 10	点 11
1	1.20	1.11	0.98	1.03	1.18	0.58	1.18	1.20	1.43	0.72	0.90
2	1.19	1.09	0.97	1.01	1.17	0.56	1.16	1.19	1.42	0.69	0.89
3	0.96	0.87	0.75	0.79	1.01	0.29	0.95	1.11	1.32	0.46	0.69
4	1.20	1.10	0.97	1.02	1.18	0.58	1.17	1.20	1.43	0.72	0.89
5	1.13	1.03	0.91	0.95	1.13	0.48	1.11	1.18	1.40	0.62	0.83
6	1.23	1.14	1.01	1.06	1.20	0.62	1.21	1.21	1.44	0.75	0.93
7	1.01	0.92	0.80	0.84	1.05	0.34	1.00	1.13	1.35	0.50	0.74
8	1.24	1.15	1.02	1.07	1.21	0.64	1.22	1.21	1.44	0.77	0.94
9 *	0.26 *	0.31 *	0.18 *	0.34 *	0.40 *	0.57 *	0.31 *	0.65 *	0.79 *	0.34 *	0.41 *
10	1.24	1.15	1.01	1.07	1.20	0.64	1.21	1.21	1.44	0.77	0.93
11	1.26	1.17	1.03	1.08	1.21	0.67	1.23	1.21	1.44	0.80	0.95
12	1.28	1.20	1.06	1.12	1.23	0.72	1.26	1.22	1.45	0.84	0.97
13	1.21	1.12	0.99	1.03	1.18	0.60	1.18	1.20	1.43	0.73	0.90
14	1.08	0.99	0.86	0.90	1.10	0.42	1.07	1.16	1.38	0.57	0.79
15 *	0.15 *	0.31 *	0.24 *	0.39 *	0.28 *	0.77 *	0.21 *	0.51 *	0.63 *	0.52 *	0.35 *
16	1.14	1.04	0.92	0.96	1.14	0.49	1.12	1.18	1.40	0.63	0.85
17	1.00	0.91	0.79	0.83	1.04	0.33	0.99	1.13	1.34	0.49	0.73
18	1.23	1.14	1.01	1.05	1.20	0.62	1.20	1.20	1.44	0.75	0.92
19 *	0.15 *	0.34 *	0.30 *	0.44 *	0.23 *	0.86 *	0.20 *	0.45 *	0.55 *	0.60 *	0.57 *
20	0.93	0.85	0.72	0.77	0.98	0.27	0.93	1.10	1.30	0.44	0.67
21	1.33	1.47	1.52	1.58	1.28	2.21	1.40	1.02	0.81	1.89	1.69
22	0.99	0.90	0.78	0.82	1.04	0.32	0.99	1.12	1.34	0.49	0.72
23	0.74	0.66	0.54	0.59	0.82	0.15	0.74	1.00	1.18	0.28	0.51
24 *	0.30 *	0.33 *	0.19 *	0.34 *	0.44 *	0.53 *	0.35 *	0.68 *	0.84 *	0.30 *	0.40 *
25	1.14	1.04	0.92	0.96	1.14	0.49	1.12	1.18	1.40	0.63	0.84
26	0.89	0.80	0.68	0.73	0.95	0.23	0.89	1.08	1.28	0.40	0.63
27	1.06	0.97	0.85	0.89	1.08	0.40	1.05	1.15	1.37	0.55	0.78
28	0.95	0.86	0.74	0.79	1.00	0.28	0.95	1.11	1.31	0.46	0.68
29 *	0.44 *	0.40 *	0.27 *	0.37 *	0.54 *	0.36 *	0.45 *	0.79 *	0.94 *	0.22 *	0.38 *
30	0.68	0.61	0.49	0.55	0.79	0.20	0.70	0.95	1.15	0.22	0.50
31	1.22	1.13	1.00	1.04	1.19	0.60	1.19	1.20	1.43	0.73	0.92

续表

参数组合	点 1	点 2	点 3	点 4	点 5	点 6	点 7	点 8	点 9	点 10	点 11
32	1.06	0.96	0.84	0.88	1.08	0.40	1.04	1.15	1.37	0.56	0.77
33	1.23	1.14	1.01	1.06	1.20	0.63	1.21	1.21	1.44	0.76	0.93
34*	0.52*	0.47*	0.34*	0.42*	0.62*	0.29*	0.54*	0.85*	1.01*	0.18*	0.40*
35	0.90	0.81	0.70	0.74	0.97	0.24	0.90	1.08	1.29	0.39	0.65
36*	0.23*	0.31*	0.19*	0.35*	0.39*	0.61*	0.29*	0.62*	0.77*	0.36*	0.42*
37	1.08	0.99	0.86	0.91	1.10	0.44	1.06	1.16	1.38	0.59	0.79
38	0.99	0.89	0.77	0.82	1.02	0.32	0.97	1.12	1.33	0.49	0.71
39	1.25	1.16	1.02	1.08	1.21	0.65	1.22	1.21	1.44	0.78	0.94
40	1.13	1.03	0.91	0.95	1.13	0.48	1.11	1.18	1.40	0.63	0.83
基准*	0.15*	0.31*	0.24*	0.39*	0.29*	0.76*	0.20*	0.52*	0.65*	0.49*	0.49*

注：＊表示被识别为合理的参数组合。

表 4.10　不同参数组合下 11 个点位的 TP 均方根误差

参数组合	点 1	点 2	点 3	点 4	点 5	点 6	点 7	点 8	点 9	点 10	点 11
1	0.04	0.14	0.09	0.09	0.14	0.08	0.06	0.18	0.11	0.04	0.09
2	0.05	0.16	0.10	0.11	0.16	0.09	0.07	0.18	0.11	0.05	0.11
3	0.04	0.15	0.09	0.10	0.15	0.08	0.06	0.18	0.11	0.05	0.10
4*	0.01*	0.13*	0.06*	0.07*	0.12*	0.05*	0.04*	0.17*	0.09*	0.04*	0.07*
5	0.06	0.16	0.11	0.12	0.16	0.10	0.08	0.19	0.12	0.06	0.12
6*	0.01*	0.13*	0.05*	0.07*	0.12*	0.05*	0.03*	0.17*	0.08*	0.04*	0.07*
7	0.06	0.16	0.11	0.12	0.16	0.11	0.08	0.19	0.12	0.06	0.12
8	0.05	0.16	0.10	0.11	0.16	0.09	0.08	0.18	0.12	0.05	0.11
9	0.05	0.16	0.10	0.11	0.16	0.09	0.08	0.18	0.12	0.05	0.11
10	0.06	0.16	0.11	0.12	0.16	0.10	0.08	0.19	0.12	0.06	0.12
11	0.03	0.14	0.08	0.08	0.14	0.07	0.05	0.18	0.10	0.04	0.09
12	0.06	0.16	0.11	0.12	0.16	0.10	0.08	0.19	0.12	0.06	0.12
13	0.05	0.15	0.10	0.11	0.15	0.09	0.07	0.18	0.11	0.05	0.11
14	0.06	0.16	0.10	0.11	0.16	0.09	0.08	0.18	0.12	0.05	0.11
15*	0.02*	0.12*	0.04*	0.05*	0.10*	0.04*	0.02*	0.16*	0.07*	0.05*	0.08*
16	0.06	0.16	0.11	0.12	0.16	0.10	0.08	0.19	0.12	0.06	0.12
17	0.05	0.16	0.10	0.11	0.16	0.09	0.08	0.18	0.12	0.05	0.11
18	0.06	0.16	0.11	0.12	0.16	0.10	0.08	0.19	0.12	0.05	0.12

参数组合	点1	点2	点3	点4	点5	点6	点7	点8	点9	点10	点11
19	0.04	0.15	0.09	0.10	0.15	0.08	0.07	0.18	0.11	0.05	0.10
20	0.06	0.16	0.10	0.11	0.16	0.10	0.08	0.19	0.12	0.05	0.11
21	0.02	0.13	0.07	0.08	0.13	0.06	0.05	0.17	0.10	0.04	0.08
22	0.06	0.16	0.10	0.11	0.16	0.09	0.08	0.18	0.12	0.05	0.11
23	0.06	0.16	0.11	0.12	0.16	0.10	0.08	0.19	0.12	0.06	0.12
24	0.05	0.15	0.10	0.11	0.15	0.09	0.07	0.18	0.11	0.05	0.11
25	0.06	0.16	0.11	0.12	0.16	0.10	0.08	0.19	0.12	0.06	0.12
26	0.05	0.16	0.10	0.11	0.16	0.09	0.08	0.18	0.12	0.05	0.11
27	0.02	0.14	0.07	0.08	0.13	0.06	0.05	0.18	0.10	0.04	0.08
28	0.06	0.16	0.11	0.12	0.16	0.10	0.08	0.19	0.12	0.06	0.12
29	0.04	0.15	0.09	0.10	0.15	0.08	0.07	0.18	0.11	0.05	0.10
30	0.05	0.15	0.10	0.11	0.15	0.09	0.07	0.18	0.11	0.05	0.11
31	0.09	0.12	0.04	0.05	0.05	0.06	0.06	0.12	0.03	0.11	0.05
32	0.05	0.15	0.10	0.11	0.15	0.09	0.07	0.18	0.11	0.05	0.10
33	0.04	0.15	0.09	0.10	0.15	0.08	0.07	0.18	0.11	0.05	0.10
34*	0.01*	0.13*	0.05*	0.06*	0.11*	0.04*	0.03*	0.16*	0.08*	0.04*	0.06*
35	0.06	0.16	0.11	0.12	0.16	0.10	0.08	0.19	0.12	0.06	0.12
36	0.06	0.16	0.10	0.11	0.16	0.09	0.08	0.18	0.12	0.05	0.11
37*	0.02*	0.12*	0.04*	0.05*	0.10*	0.03*	0.02*	0.16*	0.07*	0.05*	0.05*
38*	0.01*	0.12*	0.04*	0.06*	0.11*	0.04*	0.03*	0.16*	0.08*	0.05*	0.06*
39*	0.01*	0.12*	0.05*	0.06*	0.11*	0.04*	0.03*	0.16*	0.08*	0.05*	0.06*
40	0.03	0.14	0.08	0.09	0.14	0.07	0.06	0.18	0.11	0.04	0.09
基准*	0.02*	0.12*	0.04*	0.05*	0.10*	0.04*	0.02*	0.16*	0.07*	0.05*	0.06*

注:* 表示被识别为合理的参数组合。

可以看出,不同参数组合的情况下均方根误差相差很大,而基准情景的均方根误差比较小,说明模拟效果比较好。如果将11个点位的均方根误差进行加和然后进行选择,某些个别点位模拟效果特别不好的参数组合也容易被选中,这个时候如果基于此做优化,很可能出现不做任何削减就达标或者无论如何削减都不达标的情况,这显然是不符合实际的。所以应该充分考虑各个点位的拟合效果,而不是简单地看总体的效果。

简单来说,由于基准情况的存在,而且基准的情况代表了一个比较好的情况,假如一种参数的组合所得到的各个点位的均方根误差都和基准情况比较接近,也即均方根误差所组成的多维向量的"距离"接近,那么可以认为这个参数组合的模拟效果可以接受。现在的算法中,所能体现出这种分类、选择思想的是 k 近邻以及 k 均值算法,两种算法的原理类似,只不过 k 近邻算法是监督学习,而 k 均值算法是一种无监督的聚类算法。所以对于本问题,识别可以接受的参数组合可以用 k 均值算法来实现。

但是 k 均值算法有一定的随机性,而且需要实现给定类别的个数。随机性的意思是,可能每次的分类结果是不一样的,需要多次重复运行看算法的分类是否稳定。对于类别的个数,直观上应该是分两类,也即与基准情况相似的、不相似的两类。但是如果这样分类,基准情景相似的参数组合仍旧可能产生不合理的优化决策,所以我们所要寻找的可靠的、合理的参数组合应该是分 2 类、3 类甚至 4 类的时候都能够被识别与基准情况类似,这种情况下才能说明这种参数组合和基准情况足够类似。基于上述思想,采用 k 均值算法对上述 TN、TP 的 40 个参数组合进行聚类,其中基准情景列为第 41 个组合,每给定类别的个数后都重复进行 100 次聚类,结果如图 4.2 所示。

可以看出,只分两类的情况下,对于 TN,会有很多组参数组合都被选择,即使被选中的概率为 10% ~ 20%。但是当分 3 类的情况下,大多数的参数组合都不会被选择,这说明这种参数组合是不可靠的,和基准情况不具有足够的相似性,这个时候剩下的参数组合(包含基准情况)只有 10 个(TN)、12 个(TP),说明算法已经可以筛掉大部分不可靠的情景。可以注意到随着类别个数的增多,被选择的参数组合的个数在减少,实际上是因为相似度的标准在提高,所以类别很多的时候,之后足够类似的参数组合才能被选中。可以看到,当类别数为 6 的时候,TN 的参数组合只剩下 6 组,TP 的剩下 8 组,已经比较少,而类别数为 6 的时候过于严格。所以,此处选择情景的标准是,在类别数为 2、3、4 的时候,都存在 50% 以上被选择的概率,而在类别数为 5 的时候,还有可能被选中。进而 TN、TP 都选择出 8 个可以接受的参数组合(含基准情况),也即在表 4.9、表 4.10 中标 * 的组合。这样就能很好地去除一些比较难判断的参数,比如 TN 中的第 30 个参数组合以及 TP 之中的第 11 个参数组合。

4.3.3　不确定性对源解析结果的影响

参数的不确定性对污染物模拟结果的影响在同一水平上,然后探究其对源解析结果的影响才有实际意义。而这种影响又分为两个方面:一方面是参数的变化对同一断面上不同源的贡献比例的变化;另一方面是同一源在不同源的贡献的变化。由于在优化决策部分考虑的是年均值达标,所以此处分析的水质贡献也集中在年均值。

在 TN、TP 各 8 个合理的参数组合的基础上,分析源解析结果也即各个源对各个断面的水质贡献的变化,结果如图 4.3 所示。

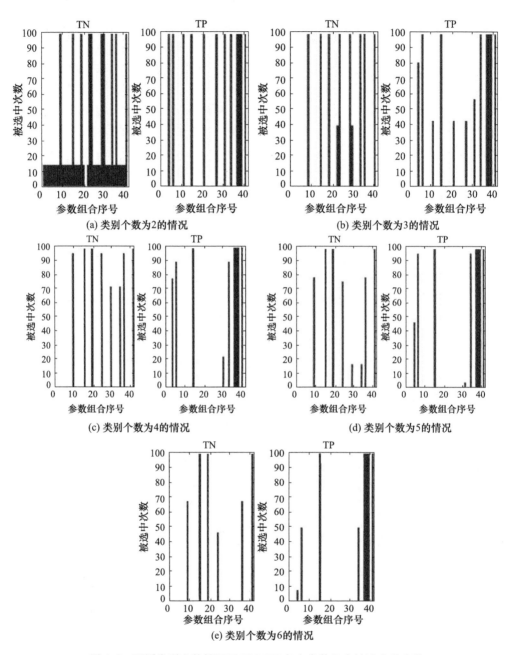

图 4.2　不同类别个数情况下 TN、TP 各个参数组合被选中的次数

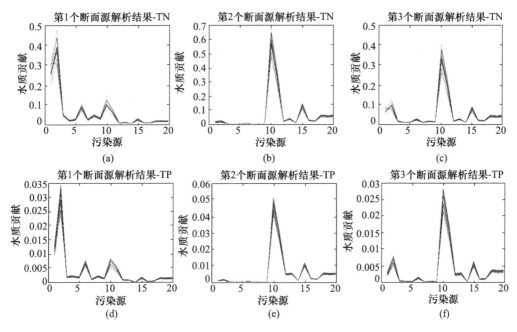

图 4.3　同一断面各个源的 TN、TP 水质贡献不确定的变化情况

可以看出,同一断面上的各个源贡献曲线的形状几乎是不变的,这意味着同一个断面上,在参数变化的情况下,并不会影响到各个源贡献大小的排序,也即各个源的贡献都是同增同减的,这蕴含着在参数变动的情况下源贡献也即源解析结果的协同现象比较明显。这一现象同样在同一源不同断面的水质贡献的结果中可以看出,见图 4.4 和图 4.5。

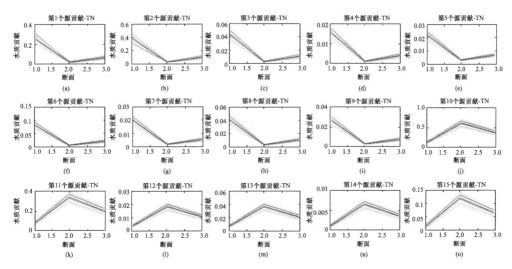

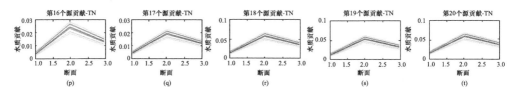

图 4.4　由于参数不确定性同一源、不同断面的 TN 水质贡献的变化

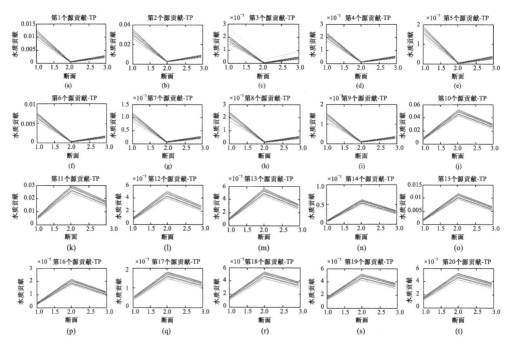

图 4.5　由于参数不确定性同一源、不同断面的 TP 水质贡献的变化

另外注意到,虽然协同现象比较明显,也即各个源的水质贡献是同步增加或者同步减少的,但是增加和减少的量不同。水质贡献大的源减少或者增加的多,水质贡献小的源减少或者增加的少,并且这种变化不会影响大小的排序。

这种参数的变化导致的源解析结果的变化并不是简单的线性对应关系,图 4.6 展示了当取不同参数的时候,第 1 个断面第 10 个源的源解析结果的变化。

表 4.11 展示了参数变动的情况下各个源水质贡献的变化。

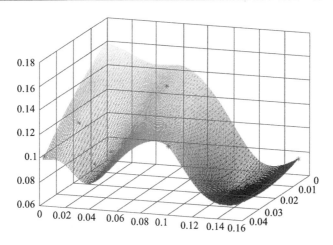

图 4.6　不同参数取值情况下第 1 个断面第 10 个源的源解析结果的变化(mg/L)

表 4.11　参数不确定性导致的各个源对不同断面 TN 水质年均值的贡献变化

单位:mg/L

	下界			基准			上界		
	断面 1	断面 2	断面 3	断面 1	断面 2	断面 3	断面 1	断面 2	断面 3
源 1	0.1952	0.0057	0.0395	0.2864	0.0158	0.0716	0.3107	0.0214	0.0796
源 2	0.2970	0.0088	0.0605	0.4357	0.0243	0.1096	0.4728	0.0280	0.1220
源 3	0.0343	0.0010	0.0069	0.0504	0.0028	0.0126	0.0547	0.0032	0.0140
源 4	0.0122	0.0004	0.0025	0.0179	0.0010	0.0045	0.0194	0.0011	0.0050
源 5	0.0157	0.0005	0.0031	0.0231	0.0013	0.0057	0.0250	0.0015	0.0064
源 6	0.0634	0.0018	0.0128	0.0931	0.0051	0.0233	0.1010	0.0059	0.0259
源 7	0.0151	0.0004	0.0031	0.0222	0.0012	0.0055	0.0241	0.0014	0.0062
源 8	0.0314	0.0009	0.0063	0.0461	0.0025	0.0115	0.0500	0.0029	0.0128
源 9	0.0199	0.0006	0.0040	0.0293	0.0016	0.0073	0.0317	0.0019	0.0081
源 10	0.0648	0.4740	0.2552	0.1202	0.6445	0.3742	0.1389	0.6781	0.4026
源 11	0.0384	0.2629	0.1443	0.0699	0.3571	0.2107	0.0806	0.3759	0.2268
源 12	0.0020	0.0143	0.0077	0.0037	0.0195	0.0113	0.0042	0.0205	0.0122
源 13	0.0040	0.0293	0.0158	0.0074	0.0398	0.0231	0.0086	0.0419	0.0249
源 14	0.0007	0.0054	0.0028	0.0013	0.0073	0.0042	0.0015	0.0077	0.0045
源 15	0.0142	0.1040	0.0560	0.0264	0.1414	0.0821	0.0305	0.1487	0.0883
源 16	0.0029	0.0205	0.0111	0.0053	0.0279	0.0163	0.0061	0.0294	0.0175
源 17	0.0029	0.0156	0.0092	0.0050	0.0211	0.0133	0.0057	0.0223	0.0143
源 18	0.0087	0.0468	0.0276	0.0150	0.0635	0.0398	0.0172	0.0669	0.0428
源 19	0.0081	0.0435	0.0257	0.0140	0.0590	0.0370	0.0160	0.0622	0.0398
源 20	0.0085	0.0454	0.0268	0.0146	0.0616	0.0386	0.0167	0.0649	0.0416

从表 4.12 可以看出,由于参数不确定性的影响,源解析结果的变化幅度比较可观,有的可以达到 100% 的变化幅度。这必然会对一个决策的可靠性、稳健性产生影响,也正是需要进行不确定性优化的原因。

表 4.12 参数不确定性导致的各个源对不同断面 TP 水质年均值的贡献变化

单位:mg/L

	下界			基准			上界		
	断面 1	断面 2	断面 3	断面 1	断面 2	断面 3	断面 1	断面 2	断面 3
源 1	0.0096	0.0003	0.0019	0.0128	0.0006	0.0029	0.0130	0.0006	0.0030
源 2	0.0238	0.0007	0.0051	0.0340	0.0015	0.0078	0.0346	0.0016	0.0081
源 3	0.0016	0.0001	0.0004	0.0021	0.0001	0.0006	0.0028	0.0004	0.0009
源 4	0.0017	0.0001	0.0003	0.0023	0.0001	0.0005	0.0023	0.0001	0.0005
源 5	0.0014	0.0001	0.0003	0.0019	0.0001	0.0004	0.0019	0.0001	0.0004
源 6	0.0058	0.0002	0.0012	0.0077	0.0003	0.0018	0.0079	0.0004	0.0018
源 7	0.0008	0.0000	0.0002	0.0012	0.0001	0.0003	0.0012	0.0001	0.0003
源 8	0.0017	0.0001	0.0004	0.0024	0.0001	0.0005	0.0024	0.0001	0.0006
源 9	0.0011	0.0000	0.0002	0.0015	0.0001	0.0003	0.0015	0.0001	0.0004
源 10	0.0052	0.0411	0.0216	0.0083	0.0499	0.0281	0.0084	0.0511	0.0288
源 11	0.0036	0.0239	0.0133	0.0056	0.0291	0.0172	0.0057	0.0297	0.0176
源 12	0.0007	0.0040	0.0020	0.0010	0.0050	0.0028	0.0011	0.0051	0.0028
源 13	0.0006	0.0044	0.0023	0.0009	0.0053	0.0030	0.0009	0.0054	0.0031
源 14	0.0001	0.0005	0.0003	0.0001	0.0006	0.0003	0.0001	0.0006	0.0003
源 15	0.0012	0.0094	0.0049	0.0019	0.0114	0.0064	0.0019	0.0117	0.0065
源 16	0.0002	0.0017	0.0009	0.0003	0.0021	0.0012	0.0004	0.0022	0.0012
源 17	0.0004	0.0015	0.0010	0.0006	0.0018	0.0013	0.0006	0.0018	0.0013
源 18	0.0012	0.0045	0.0031	0.0017	0.0054	0.0039	0.0017	0.0055	0.0040
源 19	0.0011	0.0042	0.0029	0.0016	0.0051	0.0037	0.0016	0.0052	0.0037
源 20	0.0011	0.0044	0.0030	0.0017	0.0053	0.0038	0.0017	0.0054	0.0039

4.4 不确定性污染调控优化决策

4.4.1 DST-REILP 的直接求解结果

利用上述得到的年均值响应的上下界,代入模型之中,在 CE-NSGA-Ⅱ 的设置中,设置进化代数为 200,种群数量为 50,并使用上述 8 个参数得到的 8 个优化结果作为遗传算法的初始种群以加速种群的进化速度。其中 TN、TP 的求解进程如图 4.7 和图 4.8 所示。

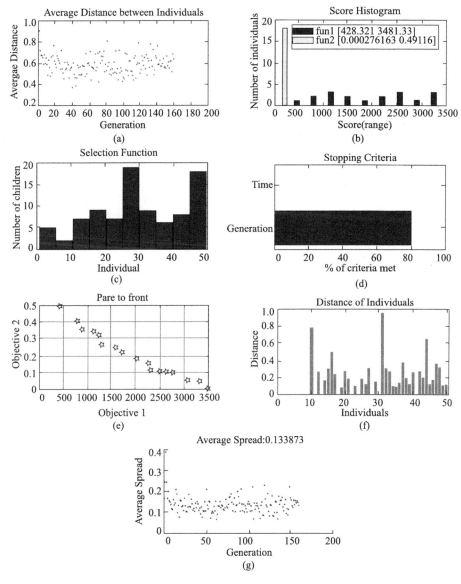

图 4.7　CE-NSGA-II 求解 TN 最优方案的算法进程

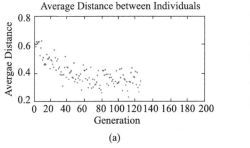

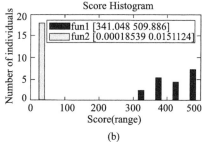

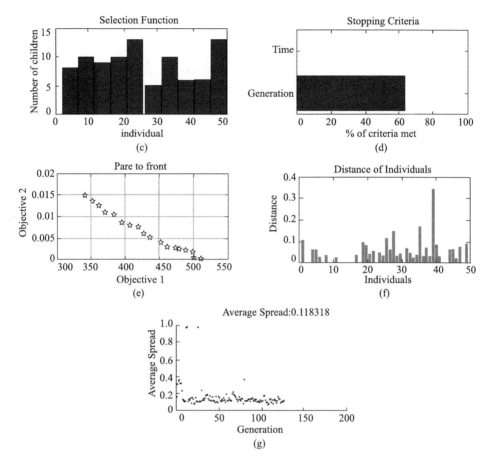

图 4.8　CE-NSGA-II 求解 TP 最优方案的算法进程

从图 4.8 可以看出,算法都是在达到终止条件前停止,说明已经充分进化,寻找到最优解或者是近似最优解的前沿面。

由表 4.13 和表 4.14 可以看出,方案与方案之间的结构存在比较明显的变化。假设方案的变化是因为削减量的不同而导致的,那么削减量从小到大方案应该会呈现出决策变量以此达到上限的情况,但是由于 risk 函数的非线性,这种情况不会发生,也就产生了方案结构的变化。另外,从算法进程的图中也可以看出,削减量和 risk 函数之间的权衡关系。可以看出,从最大削减量开始,也即最小风险最保守的情况开始,起初削减量的减少并不会显著引起风险也即 risk 函数的升高,当超过一定阈值之后,风险才会几乎呈线性增加。

表 4.13　DST-REILP 求解出的 TN 削减最优方案(%)

	方案1	方案2	方案3	方案4	方案5	方案6	方案7	方案8	方案9	方案10	方案11	方案12	方案13	方案14	方案15	方案16	方案17	方案18
源1	73.8	39.7	40.0	15.9	0.0	8.0	4.3	3.2	29.9	2.6	51.6	31.8	73.8	8.3	4.8	29.6	4.5	69.3
源2	0.0	0.0	0.0	0.0	0.0	0.0	0.0	0.0	0.0	0.0	0.0	0.0	0.0	0.0	0.0	0.0	0.0	0.0
源3	30.0	23.7	17.9	23.6	0.0	13.3	14.8	6.8	18.4	6.1	26.7	24.1	30.0	21.5	10.3	9.3	14.2	18.3
源4	45.0	35.7	38.8	36.2	0.0	4.2	14.8	7.9	37.4	11.2	41.3	12.0	45.0	36.0	2.5	24.1	18.8	45.0
源5	0.0	0.1	0.1	0.0	0.0	0.0	0.2	0.1	0.0	0.1	0.0	0.0	0.0	0.0	0.0	0.0	0.1	0.0
源6	45.0	26.2	26.0	28.7	0.0	5.1	13.8	12.7	27.0	7.3	30.4	27.6	45.0	26.1	3.8	17.9	14.2	41.1
源7	0.0	0.1	0.2	0.1	0.0	0.2	0.2	0.2	0.2	0.2	0.0	0.1	0.0	0.2	0.2	0.1	0.2	0.2
源8	0.0	0.0	0.0	0.0	0.0	0.0	0.0	0.0	0.0	0.0	0.0	0.0	0.0	0.0	0.0	0.0	0.0	0.0
源9	0.0	0.0	0.1	0.1	0.0	0.0	0.3	0.1	0.1	0.2	0.0	0.0	0.0	0.0	0.0	0.0	0.2	0.1
源10	75.0	71.4	66.3	66.7	13.1	32.9	39.3	39.0	66.4	26.8	74.8	56.9	75.0	61.3	22.8	39.0	50.8	73.2
源11	0.0	0.2	0.1	0.0	0.0	0.2	0.2	0.2	0.1	0.2	0.1	0.0	0.0	0.1	0.1	0.1	0.2	0.0
源12	30.0	29.9	29.7	29.8	30.0	30.0	29.8	30.0	29.8	29.9	30.0	30.0	30.0	29.8	30.0	29.9	29.8	30.0
源13	45.0	45.0	45.0	45.0	45.0	45.0	45.0	45.0	45.0	45.0	45.0	45.0	45.0	45.0	45.0	45.0	45.0	45.0
源14	45.0	45.0	45.0	45.0	45.0	45.0	45.0	45.0	45.0	45.0	45.0	45.0	45.0	45.0	45.0	45.0	45.0	45.0
源15	18.9	16.8	14.4	17.7	0.0	4.9	5.8	6.0	16.2	5.2	17.9	14.7	18.9	13.1	0.1	16.0	6.1	17.4
源16	0.0	0.0	0.0	0.1	0.0	0.0	0.1	0.1	0.0	0.1	0.1	0.0	0.0	0.1	0.0	0.0	0.1	0.0
源17	0.0	0.1	0.1	0.0	0.0	0.0	0.1	0.0	0.1	0.1	0.0	0.0	0.0	0.0	0.0	0.0	0.0	0.0
源18	0.0	0.1	0.1	0.0	0.0	0.0	0.0	0.0	0.1	0.0	0.1	0.1	0.0	0.1	0.0	0.1	0.1	0.0
源19	0.0	0.1	0.1	0.0	0.0	0.0	0.1	0.0	0.1	0.1	0.0	0.0	0.0	0.0	0.0	0.0	0.0	0.0
源20	0.0	0.1	0.1	0.1	0.0	0.0	0.1	0.0	0.1	0.1	0.1	0.0	0.0	0.1	0.0	0.0	0.1	0.0
削减量/(t/a)	301	239	227	200	37	98	112	107	215	78	265	196	301	176	68	149	137	286
risk	0.000	0.101	0.103	0.113	0.491	0.343	0.268	0.319	0.107	0.353	0.052	0.155	0.000	0.179	0.406	0.219	0.247	0.050

103

表 4.14　DST-REILP 求解出的 TP 削减最优方案 (%)

	方案 1	方案 2	方案 3	方案 4	方案 5	方案 6	方案 7	方案 8	方案 9	方案 10	方案 11	方案 12	方案 13	方案 14	方案 15	方案 16	方案 17	方案 18
源 1	1.0	6.1	6.2	3.5	4.7	4.4	1.3	1.1	5.9	0.0	1.7	4.7	0.3	4.8	4.7	5.9	4.1	6.3
源 2	17.3	47.7	56.3	24.6	53.7	29.2	21.6	30.8	40.3	13.6	18.9	34.3	15.1	50.0	39.7	56.1	31.4	61.0
源 3	30.0	30.0	30.0	30.0	30.0	30.0	30.0	30.0	30.0	30.0	30.0	30.0	30.0	30.0	30.0	30.0	30.0	30.0
源 4	44.6	42.7	44.8	42.4	44.8	43.4	43.4	45.0	44.2	45.0	44.6	43.6	45.0	44.2	42.9	44.6	42.3	45.0
源 5	44.9	44.9	45.0	44.9	44.9	44.9	44.9	45.0	45.0	45.0	44.9	44.9	45.0	45.0	44.9	45.0	44.9	45.0
源 6	44.9	45.0	45.0	44.9	45.0	44.9	44.9	45.0	45.0	45.0	44.9	44.9	45.0	45.0	45.0	45.0	44.9	45.0
源 7	0.6	0.4	0.4	0.9	0.4	0.7	0.6	0.4	0.5	0.0	0.7	0.8	0.2	0.6	0.5	0.5	0.8	0.4
源 8	1.4	4.5	6.2	2.4	5.8	2.3	1.2	5.0	4.8	0.0	1.8	3.8	0.4	4.7	5.0	5.8	3.2	6.2
源 9	0.3	0.1	0.0	0.4	0.1	0.3	0.3	0.0	0.2	0.0	0.3	0.3	0.2	0.1	0.2	0.1	0.3	0.0
源 10	75.0	75.0	75.0	75.0	75.0	75.0	75.0	75.0	75.0	75.0	75.0	75.0	75.0	75.0	75.0	75.0	75.0	75.0
源 11	54.8	72.6	74.9	59.1	74.4	62.0	57.4	71.8	74.1	53.4	55.1	70.1	54.0	73.8	72.5	75.0	69.5	75.0
源 12	1.6	28.7	29.9	11.7	24.7	12.1	18.1	10.8	26.0	0.0	4.8	20.1	0.6	21.0	20.2	27.3	19.6	30.0
源 13	45.0	45.0	45.0	44.9	45.0	45.0	45.0	45.0	45.0	45.0	44.9	45.0	45.0	45.0	45.0	45.0	45.0	45.0
源 14	44.9	43.6	43.5	44.6	43.5	44.6	44.7	44.9	43.6	45.0	44.8	43.7	45.0	43.5	44.0	43.5	44.1	43.4
源 15	44.3	40.8	39.0	42.9	39.4	41.7	44.3	44.4	41.6	45.0	43.5	41.8	44.7	38.9	39.9	41.0	41.5	38.7
源 16	45.0	45.0	45.0	44.9	45.0	45.0	45.0	45.0	45.0	45.0	45.0	44.9	45.0	45.0	44.9	45.0	44.9	45.0
源 17	0.1	0.3	0.0	0.8	0.4	0.8	0.2	0.0	0.1	0.0	0.4	0.3	0.1	0.2	0.7	0.0	1.0	0.0
源 18	17.6	32.3	44.9	25.8	33.9	19.8	22.8	11.6	39.8	0.0	18.8	33.4	11.5	37.7	29.7	40.4	29.3	44.9
源 19	0.5	0.2	30.0	1.0	0.4	1.0	0.3	0.0	0.6	0.0	1.0	0.6	0.4	0.0	0.4	0.2	0.3	0.0
源 20	11.6	33.7	38.0	28.4	37.5	25.0	20.5	26.6	33.7	0.0	23.1	29.1	8.1	35.7	35.3	37.7	28.3	38.1
削减量/(t/a)	31	41	43	34	42	35	33	36	40	29	32	38	30	41	39	43	37	44
risk	0.013	0.003	0.000	0.009	0.002	0.008	0.011	0.008	0.003	0.015	0.011	0.005	0.014	0.002	0.004	0.002	0.006	0.000

4.4.2　方案分析

4.4.2.1　DST-REILP 结果的相对改进

首先可以对比经过 REILP 优化所求出的方案与直接在原始 8 个参数组合情况下所求出的方案之间的差别。对比情况如图 4.9 所示。

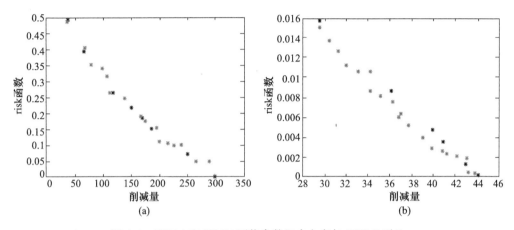

图 4.9　TN(a)和 TP(b)原值参数组合方案与 REILP 对比

可以看出,总体来说略有改进,但是改进的程度并不是特别明显。关于 TN,参数组合方案的值几乎全部落在了 REILP 所求出的前沿面上,并且有部分方案甚至要优于 REILP 所求出的方案,这个原因是 REILP 求解所用的 CE-NSGA-II 算法是一种精英控制算法,在种群进化的过程中有可能淘汰掉第一前沿面上的精英,而使得后续进化得到的结果劣于之前被淘汰的结果。但是另一方面可以看出,即使这样,相差也不是很大。对于 TP 的结果则显示出 REILP 是具有优化功能的,可以看出 REILP 所求出的前沿面比较明显地优于未经优化的前沿面。

两个方案的差值并不是特别大,这其实启示,DST-REILP 是一种直接化的模拟优化的替代方法,通过最小化 risk 这一过程,可以拟合源解析结果直接的协同作用,这也是基于参数组合的方案结果和 REILP 结果相差不会很大的原因。在下面的分析中还会看出,REILP 的结果所得出或者说所识别出的方案以及源解析的结果与之前一样,是具有一定的协同作用的。

4.4.2.2　模型中 risk 的解译

在 REILP 中,risk 函数是从含有不确定参数的不等式或者目标函数中推导出来的,本身的物理意义可能并不是特别明显。在本案例中,由于 8 个参数可能的组合,而每个参数可能的组合下分别对应 3 个控制断面(同 4.2.3 节,基于 3 个控制断面北湖湖心 C、南北湖交接点 D 及南湖湖心 E),所以一共有 24 个情景。那么这里就可以通过比对同一个方案的 risk 以及 24 个情景的达标情况来比对,从而解译出

risk 是否和真实的风险具有一一对应的关系。TN、TP 的断面达标情况如图 4.10 所示。

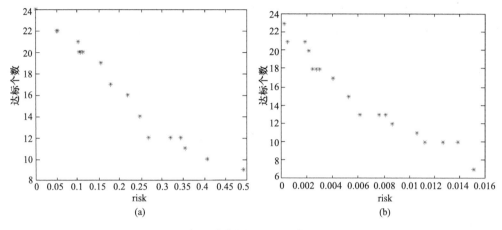

图 4.10　通过断面计数解译 risk 函数((a)TN;(b)TP)

可以看出,risk 函数和达标情况呈现权衡关系,表现在 risk 函数为 0 的时候,对应到几乎全部达标,但是注意到,risk 函数最大的时候,并不是全都不达标,而是仍旧有部分断面达标。其原因是 REILP 优化的过程中一次性优化 3 个断面的达标情况,其中有的断面是很容易达标,也即非紧致约束,所以这里所有参数情况下所有断面全部情景放在一起,即使是 risk 比较大的情况下也会出现很多断面达标的情况。也即如果纵坐标换成 8 个参数可能的组合,然后只要有一个断面不达标,那么该参数情景即为不达标,在 risk 最大的时候所对应的达标组合个数为 1,也即最乐观情况。

另外,即使把 8 个参数可能组合的 24 个断面打乱放在一起去解译 risk 函数,有些情况仍不具有区分度,可以换一个角度解译 risk。由于每一个参数可能的组合情况下,每个断面都有一个最低的削减要求,但是某个方案可能会多削减一部分量,将多削减的这一部分的量作为衡量方案风险的指标也是可行的。基于此得到的 risk 的解译结果如图 4.11 所示。

可以看出,此时的区分度比较明显。因为即使是同样数量的断面达标,其多余的削减量也是不一样的。图 4.11 中的零值代表的是所有可能情况下所要求的削减量的加和。如果按照这种加和的方案去制定方案,可以看出 risk 的值是很高的,对应的可能不达标的情况也很高。这是因为各个断面所要求的削减量是不相等的,零值相当于是均值,是将所有断面的削减量视为等同再进行决策,必然会意味着有很多断面,比较悲观的情况下大多数的断面不达标。

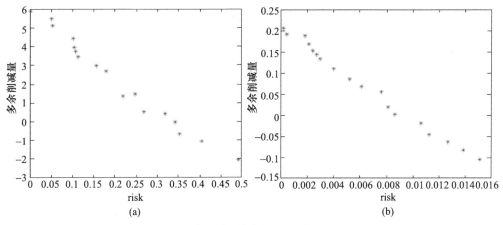

图 4.11 通过多余削减量解译 risk 函数((a)TN;(b)TP)

4.4.2.3 协同现象的体现和 DST-REILP 模型的优势

DST-REILP 不仅能得到优化方案,而且在得到优化方案的同时,还能得到使得 risk 最小的对应的参数,也就得出了不同断面上各个源的年均值的源解析结果。同前面一样,不同的参数组合下,虽然源解析的结果是不同的,但是源解析结果之间的协同效应比较明显,下面同样分析,在 REILP 中这种协同效果是否存在,如果存在可以说明 DST-REILP 可以模拟那些没有产生的源解析结果,从而达到优化的目的,也即 DST-REILP 能够作为模拟优化中的替代模型。得到的结果如图 4.12~图 4.14 所示。

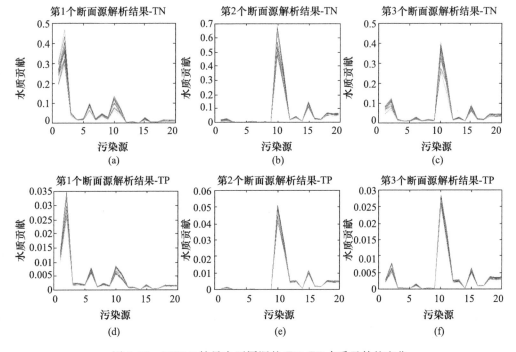

图 4.12 REILP 结果中不同源的 TN、TP 水质贡献的变化

107

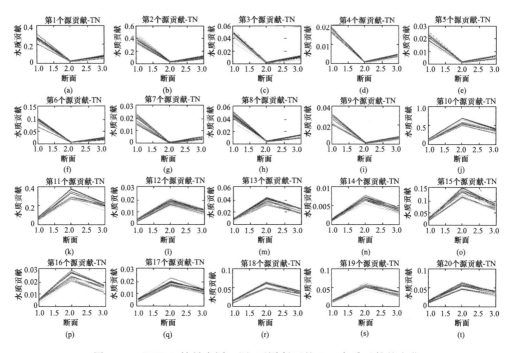

图 4.13 REILP 结果中同一源、不同断面的 TN 水质贡献的变化

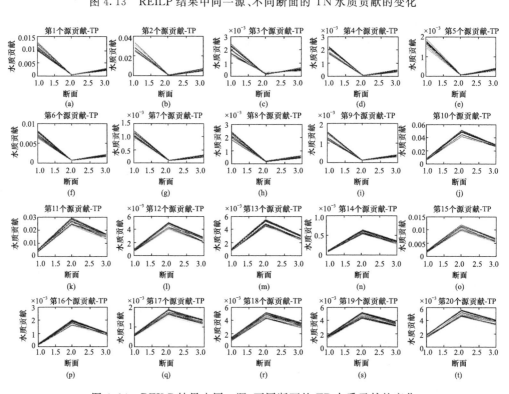

图 4.14 REILP 结果中同一源、不同断面的 TP 水质贡献的变化

可以看出,DST-REILP 结果中的协同效应同样特别明显。这得益于 DST-REILP 中 risk 函数的定义。回顾一下前述 REILP 的推导过程,REILP 的 risk 函数是从带有不确定性参数的约束中,首先抽出一个最悲观情景的不等式,然后将剩余的部分作为 risk 函数的定义式,这种方法其实是定义了一个情景到最悲观情景的"距离",而这种距离是每个参数到其上界(或者下界)的差值然后乘以决策变量。为了使得 risk 函数最小,就不太可能出现一个参数是最乐观的情况,另一个参数是最悲观的情况。类似于均值不等式的等式总是出现在各个变量相等的情况下,为了使得 risk 最小,各个不等式或者 risk 的各个分量呈现出均摊风险的特征,而不是像一般线性不等式一样,总是按照最优的费用效益来分配削减方案,这也正是 DST-REILP 非线性的特征所在。为了更好地说明这一情况,对上述的 18 个方案排除所有没有任何削减的分量以及所有方案中都已经达到最大值的方案,筛选后结果如表 4.15 和表 4.16 所示。

表 4.15　TN 备选削减方案之间有显著差异的决策分量比较(%)

	源 1	源 3	源 4	源 6	源 10	源 15	削减量/(t/a)	risk
方案 1	73.8	30.0	45.0	45.0	75.0	18.9	301	0.000
方案 13	73.8	30.0	45.0	45.0	75.0	18.9	301	0.000
方案 18	69.3	18.3	45.0	41.1	73.2	17.4	286	0.050
方案 11	51.6	26.7	41.3	30.4	74.8	17.9	265	0.052
方案 2	39.7	23.7	35.7	26.2	71.4	16.8	239	0.101
方案 3	40.0	17.9	38.8	26.0	66.3	14.4	227	0.103
方案 9	29.9	18.4	37.4	27.0	66.4	16.2	215	0.107
方案 4	15.9	23.6	36.2	28.7	66.7	17.7	200	0.113
方案 12	31.8	24.1	12.0	27.6	56.9	14.7	196	0.155
方案 14	8.3	21.5	36.0	26.1	61.3	13.1	176	0.179
方案 16	29.6	9.3	24.1	17.9	39.0	16.0	149	0.219
方案 17	4.5	14.2	18.8	14.2	50.8	6.1	137	0.247
方案 7	4.3	14.8	14.8	13.8	39.3	5.8	112	0.268
方案 8	3.2	6.8	7.9	12.7	39.0	6.0	107	0.319
方案 6	8.0	13.3	4.2	5.1	32.9	4.9	98	0.343
方案 10	2.6	6.1	11.2	7.3	26.8	5.2	78	0.353
方案 15	4.8	10.3	2.5	3.8	22.8	0.1	68	0.406
方案 5	0.0	0.0	0.0	0.0	13.1	0.0	37	0.491

表 4.16　TP 备选削减方案之间有显著差异的决策分量比较(%)

	源 1	源 2	源 8	源 11	源 12	源 14	源 15	源 18	源 20	削减量 /(t/a)	risk
方案 18	6.3	61	6.2	75	30	43.4	38.7	44.9	38.1	44	0
方案 3	6.2	56.3	6.2	74.9	29.9	43.5	39	44.9	38	43	0
方案 16	5.9	56.1	5.8	75	27.3	43.5	41	40.4	37.7	43	0.002
方案 5	4.7	53.7	5.8	74.4	24.7	43.5	39.4	33.9	37.5	42	0.002
方案 14	4.8	50	4.7	73.8	21	43.5	38.9	37.7	35.7	41	0.002
方案 2	6.1	47.7	4.5	72.6	28.7	43.6	40.8	32.3	33.7	41	0.003
方案 9	5.9	40.3	5	74.1	26	43.6	41.6	39.8	33.7	40	0.003
方案 15	4.7	39.7	5	72.5	20.2	44	39.9	29.7	35.3	39	0.004
方案 12	4.7	34.3	3.8	70.1	20.1	43.7	41.8	33.4	29.1	38	0.005
方案 17	4.1	31.4	3.2	69.5	19.6	44.1	41.5	29.3	28.1	37	0.006
方案 8	1.1	30.8	5	71.8	10.8	44.9	44.4	11.6	26.6	36	0.008
方案 6	4.4	29.2	2.3	62	12.1	44.6	41.7	19.8	25	35	0.008
方案 4	3.5	24.6	2.4	59.1	11.7	44.6	42.9	25.8	28.4	34	0.009
方案 7	1.3	21.6	1.2	57.4	18.1	44.7	44.3	22.8	20.5	33	0.011
方案 11	1.7	18.9	1.8	55.1	4.8	43.5	43.5	18.8	23.1	32	0.011
方案 1	1	17.3	1.4	54.8	1.6	44.9	44.3	17.6	11.6	31	0.013
方案 13	0.3	15.1	0.4	54	0.6	45	44.7	11.5	8.1	30	0.014
方案 10	0	13.6	0	53.4	0	45	45	0	0	29	0.015

　　随着 risk 函数从大到小,各个方案是同时增加的,结合 REILP 结果中的协同现象,REILP 中 risk 函数的作用是选择一部分成本效益在相似水平的决策分量分担风险,从而使得 risk 函数最小化。这一点从 TP 备选决策的第 14 个源的削减情况可以看出。第 14 个源的削减在乐观情况下是比较大的,但是随着其他源在逐渐承担风险,其他源的风险效益比值越来越接近第 14 个源,从而第 14 个源反而呈现削减量降低的现象。换言之,REILP 最小化风险的原则是考虑风险效益成本 3 个维度,使得同一效率水平下的决策选择共同承担风险,从而保证整个体系的风险降低,而成本不至于大幅度提升。

4.4.2.4　结构与稳健性方案筛选

　　从风险-削减量的权衡关系可以看出,削减量的减少对于风险的大幅增加的突变点靠近最悲观情景,另外,在 risk 的解译中可以看出,达标的情况以及剩余削减量与风险的突变点也在最悲观情景附近。所以据此可以判断出如果想要保证方案的足够稳健性,那么 TN 削减方案的 risk 函数不能超过 0.05,TP 削减方案的 risk 函数不能超过 0.002。同样地,可以继续根据 risk 与各个指标的变化关系,将 18 个备选方案决策进行分类,得到结果如表 4.17 所示。

表 4.17 最终备选方案的分类

TN 削减方案			TP 削减方案		
		risk			risk
选择集 1	方案 1	0.000	选择集 1	方案 18	0.000
	方案 13	0.000		方案 3	0.000
	方案 18	0.050		方案 16	0.002
	方案 11	0.052		方案 5	0.002
选择集 2	方案 2	0.101		方案 14	0.002
	方案 3	0.103	选择集 2	方案 2	0.003
	方案 9	0.107		方案 9	0.003
	方案 4	0.113		方案 15	0.004
选择集 3	方案 12	0.155		方案 12	0.005
	方案 14	0.179		方案 17	0.006
	方案 16	0.219	选择集 3	方案 8	0.008
	方案 17	0.247		方案 6	0.008
	方案 7	0.268		方案 4	0.009
选择集 4	方案 8	0.319		方案 7	0.011
	方案 6	0.343		方案 11	0.011
	方案 10	0.353	选择集 4	方案 1	0.013
	方案 15	0.406		方案 13	0.014
	方案 5	0.491		方案 10	0.015

而对于前述的基准情况,TN 的削减方案属于接近于选择集 1 和选择集 2,TP 的削减方案属于选择集 1。从表 4.17 中的分析可以看出,TN 较为推荐的方案应该依次为方案 13、方案 11、方案 4,TP 较为推荐的方案为方案 3、方案 14、方案 9。

4.4.3 考虑 TP 与 TN 协同削减的调控方案

实际问题中,一项工程对于 TP 和 TN 的削减一定程度上是同步的。但模型中所考虑的污染物的行为是分开的,从而优化过程中的 TN、TP 的理想削减量也是分开计算的。在 REILP 产生的决策组合的基础上,分析 TN 和 TP 削减方案的结构,在此基础上可以做出方案初选,以考虑协同削减。现有方案的 TN、TP 削减方案的结构如图 4.15 所示。

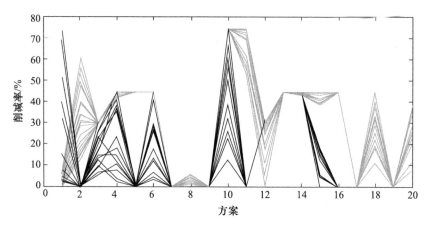

图 4.15　方案结构对比分析(深黑色为 TN 20 个源不同方案的削减率,
浅灰色为 TP 20 个源不同方案的削减率)

从图 4.15 中可以看出,对各个源的新增削减率的要求上,TP 比 TN 严格,但是个别源,比如第一个源,TN 的要求比 TP 严格。考虑前述的方案风险,可以在 TN 以及 TP 有一定风险的两个方案的基础上比对,选择较严格的削减率作为要求,考虑到风险的存在以及削减量的权衡关系,这样选择的方案最终使得风险降低并且全局来看接近最优,可以作为初选的方案。选择 TN 的方案 11 以及 TP 的方案 14 作为基础,得到的结果如表 4.18 所示。

表 4.18　考虑 TN,TP 协同效应的方案初选

	TN 最低新增削减率/%	TP 最低新增削减率/%
源 1	51.6	无要求
源 2	无要求	50.0
源 3	26.7	30.0
源 4	41.3	44.2
源 5	无要求	45.0
源 6	30.4	45.0
源 7	无要求	0.6
源 8	无要求	4.7
源 9	无要求	0.1
源 10	74.8	75.0
源 11	无要求	73.8
源 12	30.0	21.0
源 13	45.0	45.0
源 14	45.0	43.5

	TN 最低新增削减率/%	TP 最低新增削减率/%
源 15	17.9	38.9
源 16	无要求	45.0
源 17	无要求	0.2
源 18	无要求	37.7
源 19	无要求	0.0
源 20	无要求	35.7
要求削减量/kg	265	41

4.5　本章小结

在直接源解析技术的基础上构建了优化模型,以削减量最小为目标研究了参数不确定条件下源解析结果的变动以及最优方案的制定,结合源解析的结果对 REILP 模型进行了实际意义的解读,给出了推荐实施方案。主要结论如下:①实施了输入响应关系非线性形态分析,直接源解析构建的直接响应关系效率较高,污染源的削减与对应的水质贡献的响应几乎是线性的,在直接源解析的基础上可以直接线性化构建优化模型所需要的系数。②在保证模拟效果的情况下,参数不确定性对源解析的结果影响很大,进而会影响到最优方案的决策,但是这种影响并不会打乱同一个源不同断面的水质贡献的大小次序,也不会打乱同一个断面不同源的贡献大小次序,源解析的变动呈现出同增同减的协同现象。③DST-REILP 模型能够较好地产生同样具有协同现象的源解析结果,说明在求解的过程中,能够从现有的源解析结果中推断出没有经过模拟的源解析结果。④DST-REILP 中的 risk 函数与达标情景以及剩余削减量有很好的对应关系,说明 risk 函数的数值和真实的风险存在较好的对应关系。⑤优化的过程中为了使得 risk 函数最小化,其原则是保证一定效益成本的情况下,尽可能使得各个分量分摊风险而不是过于乐观估计某一个参数。⑥由于湖体自身过程的复杂性,不同点位的源解析结果有较大的差异。八里湖南北湖区的结果差异显著,由于空间异质性的存在,控制断面的年均值达标不意味着绝大部分的点位年均值都达标,但是超标的程度是在可控范围之内的。

第5章 结论及展望

5.1 研究结论

本书以提高流域污染调控效率为目标,以建立流域污染源与水体水质的直接数值响应关系为主线,建立了污染源直接解析模型;并用系统的理论统一流域的陆域、水体、污染管控措施进行建模,包括建立了耦合陆域污染源负荷解析-水体直接源解析模型的湖泊流域污染源数值解析模型,解析陆域污染源对水体水质的贡献;建立了链接污染源直接解析的流域-水体不确定性污染精准调控优化模型,整体上形成一套基于污染源直接解析与不确定性优化的流域高效的污染精准调控方法。同时,选取八里湖流域作为污染精准调控的研究案例,开展了污染源直接解析与不确定优化方案的流域精准调控研究。得到的结论如下。

构建了水体污染源直接解析模型。为计算污染对水体水质的污染贡献率,研究中基于对污染源的微分求导公式,对水质控制方程进行改进,以每个偏微分方程对应一个源解析变量,形成了一系列污染源解析状态变量的控制方程,耦合水动力方程,获取源解析系数,直接计算每个源对每个时空点的水质贡献,实现了通过一次模拟,获取所有源在水体中不同时空中的贡献比例。直接源解析模型相比传统扰动、迭代等数值计算方法实现了一次计算解析所有污染源的贡献,同时又避免了扰动或者试算过程中水体水质的非线性响应带来的误差,实现了污染解析的高效与精确。

构建了流域-水体污染源数值解析模型。耦合了流域控制单元管控-陆域污染源解析-湖体直接源解析模型,构建了模型,实现了基于水质目标解析了流域污染源对水体水质贡献。采用 SWAT 模型建立了流域-水体的陆域污染源负荷解析模型,并将流域污染控制的分区、分级的管理思路与数值模型 SWAT 计算的精细化方法进行了融合,计算了八里湖子流域污染负荷数值解析和入湖河流污染负荷贡献,进一步耦合湖体直接源解析模型,量化了各子单元的污染负荷与对各水体断面不同时间的污染物贡献率,突破传统污染源解析方法的效率和准确性的问题,建立了陆域污染源与水体水质的直接响应关系。以八里湖为案例,总结发现湖泊流域的污染源对水质贡献时空变化显著:不同监测点位的贡献源组成存在差异;不同时间节点上的污染源解析结果也明显不同;同样的污染负荷,进入水体对不同监测点位的水质贡献不同;全湖空间异质性明显,不同湖区污染源解析特征不同等多个特征。基于以上直接源解析的特征,决策中需要关注污染源对水质的时空差异,在流域管理中应采取差异性的管控措施,根据污染源解析的动态特征实施不同时空的管控要求。

基于流域-水体数值源解析模型,构建了基于水质目标的污染源高效优化调控方法。首先基于污染源直接解析模型结果,开展了削减方案情景设计,分析了污染源削减与水质响应的非线性特征,并采用了拉丁超立方的方法开展了参数的不确定性分析;以直接源解析为核心改进优化模型的约束条件部分和优化模型与水质目标的关联部分,改进了线性规划模型中水质与污染源关联部分,实现与直接源解析的耦合,建立了风险显性区间数线性规划的方法(DST-REILP),实现污染源调控和水质的直接响应;采用改进的风险显性区间数线性规划模型方法,评估了不确定性对管理决策的影响,支持制定更加合理可行的污染负荷削减方案,突破了不确定性条件下基于水质目标实施流域污染源管控优化的技术难题。

选取八里湖流域作为研究案例,开展了污染源直接解析与不确定优化方案的设计,验证本方法体系有效性和高效性,验证在非线性环境下求解与关联污染源与水质直接响应关系时体现出的优越性。案例结果表明,污染源对水质的贡献具有较强的时空异质性,即不同监测断面和不同时间的源解析结果存在差异,因此,需要考虑污染源贡献率的直接性和动态性,才有利于获取有效的污染源控制方案。本研究得到的直接源解析结果是任意时间和空间尺度上的精确解,并且在污染源的时空解析精度和准确度上具有其他方法不可比拟的优势,且计算效率大大提高。

5.2 创新点

(1)构建了污染源对水质贡献的直接源解析模型,提升污染源解析的效率。研究建立了污染源解析模型,在水动力模型与水质模型的驱动下,实现精确高效的数值解析,可以通过一次模拟,获取任意源对不同时空水体污染的贡献比例。直接源解析模型相比传统扰动、迭代等数值计算方法实现了一次计算解析所有污染源的贡献,同时又避免了扰动或者试算过程中水体水质的非线性响应带来的误差,能高效并精确地获取高分辨率的污染解析结果。

(2)将传统流域污染源负荷解析模型与分区、分级的流域污染源控制模式结合,并与水体直接源解析模型耦合,建立了流域-水体污染源数值解析模型。融合流域分区、分级管理与流域污染负荷的精细化数值模型,计算了子流域污染负荷数值解析和入湖河流污染负荷贡献,进一步耦合湖体直接源解析模型,量化了各子单元的污染负荷对湖体水质的时空贡献率,直接建立了陆域污染源与水体水质的直接响应关系;这种方法将当前流域分区、分级管理的实际,与流域污染负荷的精细化数值模型方法有效融合,既降低了非线性的影响,突破了传统污染源解析方法效率的问题,又使模拟计算结果更加吻合管理实际。

(3)将直接源解析与线性优化模型耦合,构建了链接污染源数值解析的精准调控优化方法。基于直接源解析模型结果的基础，构建流域风险显性区间数线性规划模型（DST-REILP），以直接源解析为核心，改进了调控模型中水质与污染源关联的部分，改进优化模型的目标与约束条件等部分，使优化模型中与水质目标关联的构造更加有效和可靠，突破了模拟-优化体系中污染源与水质的数值关系与计算的难题，大大降低了计算难度并与水质目标紧密结合，使污染调控方案更符合流域管理的实际并且更高效，提高流域规划优化效率。

5.3 不足与展望

总体来看，目前研究中还存在一些不足之处。

（1）由于八里湖流域特征及监测基础等，对案例区域的模拟计算仍有一定的局限性，且时间和项目存在限制，在方法的进一步推广，或者应对其他流域一些水体的特征问题时，可能还需要进一步的拓展研究。这需要在未来的研究中，改进并优化模型方法。

（2）限于研究内容的体量，本文没有对其他模拟优化算法开展进一步的研究和讨论。当前，直接源解析技术能高效计算并获取不同时空的污染源解析结果，可以为污染负荷削减优化提供基础。但是，还有一些其他的模拟优化算法目前同样也比较成熟，也能获取这种区间关系，比如 NIMS 算法，通过这些算法耦合不确定性优化技术，还可以同步实现最优负荷削减或容量分配的非线性模拟-优化模型，更加高效地支撑流域污染源管控，这也是未来继续探索的方向。

参考文献

陈星,邹锐,刘永,等,2012. 风险显性区间数线性规划模型(REILP)解对约束风险偏好的敏感性与稳健性研究[J]. 北京大学学报(自然科学版),48(6):942-948.

董文福,2008. "十一五"中后期中国污染减排的形势分析[J]. 环境污染与防治,30(11):99-100,107.

豆长明,周晓铁,李湘凌,等,2013. 典型矿区河流沉积物重金属污染源解析研究[C]. 哈尔滨:2013年水资源生态保护与水污染控制研讨会.

方秦华,张珞平,洪华生,2005. 水污染负荷优化分配研究[J]. 环境保护(13):29-31.

方子云,1990. 关于流域系统管理问题的探讨[J]. 水资源保护(4):16-20.

巩敦卫,孙靖,2013. 区间多目标进化优化理论与应用[M]. 北京:科学出版社.

郭芬,张远,2008. 水环境中PAHs源解析研究方法比较[J]. 环境监测管理与技术,20(5):11-16.

郭怀成,2006. 环境规划方法与应用[M]. 北京:化学工业出版社.

胡成,王彤,苏丹,等,2010. 水环境中污染物的源解析方法及其应用[J]. 水资源保护,26(1):57-62,69.

黄静,2012. 淮南潘谢采煤塌陷区水污染源解析[D]. 淮南:安徽理工大学.

姜潮,2008. 基于区间的不确定性优化理论与算法[D]. 长沙:湖南大学.

李发荣,李玉照,刘永,等,2013. 牛栏江污染物源解析与空间差异性分析[J]. 环境科学研究,26(12):1356-1363.

李义义,2010. 区间非概率多目标优化设计方法及其在车身设计中的应用[D]. 长沙:湖南大学.

刘年磊,2011. 基于不确定性的环境系统风险优化决策模型研究与应用[D]. 天津:天津大学.

刘永,郭怀成,2008. 湖泊-流域生态系统管理研究[M]. 北京:科学出版社.

刘永,邹锐,郭怀成,2012. 智能流域管理研究[M]. 北京:科学出版社.

逯元堂,吴舜泽,薛鹏丽,等,2008. 经济环境形势综合诊断研究[J]. 中国人口·资源与环境,18(6):74-79.

孟伟,张楠,张远,等,2007. 流域水质目标管理技术研究(Ⅰ)——控制单元的总量控制技术[J]. 环境科学研究,20(4):1-8.

孙靖,2012. 用于区间参数多目标优化问题的遗传算法[D]. 北京:中国矿业大学.

王慧敏,徐立中,2000. 流域系统可持续发展分析[J]. 水科学进展,11(2):165-172.

王金南,田仁生,吴舜泽,等,2010. "十二五"时期污染物排放总量控制路线图分析[J]. 中国人口·资源与环境,20(8):70-74.

吴舜泽,吴悦颖,王东,2013. 综合动态辩证地看待总量控制制度[N]. 中国环境报,2013-11-7(2).

张怀成,董捷,王在峰,2013. 水污染源源解析研究最新进展[J]. 中国环境监测,29(1):18-22.

张雪花,郭怀成,2002. SD-MOP整合模型在秦皇岛市生态环境规划中的应用研究[J]. 环境科学学报,22(1):92-97.

张玉清,张蕴华,张景霞,1998. 河流功能区水污染物容量总量控制的原理和方法[J]. 环境科学 (S1):22-34.

张震宇,2010. "十一五"水污染物总量控制情况介绍[J]. 中国建设信息(水工业市场)(4):12-17.

赵喜亮,2010. 我国"十二五"污染减排水环境约束性指标研究[D]. 北京:中央民族大学.

赵子衡,2012. 区间不确定性优化的若干高效算法研究及应用[D]. 长沙:湖南大学.

周丰,陈国贤,郭怀成,等,2008. 改进区间线性规划及其在湖泊流域管理中的应用[J]. 环境科学 学报,28(8):1688-1698.

周丰,郭怀成,2010. 不确定性非线性系统"模拟-优化"耦合模型研究[M]. 北京:科学出版社.

邹锐,张祯祯,刘永,等,2010. 神经网络模型用于数值水质模型逼近的适用性及非敏感参数的欺骗 效应[J]. 环境科学学报,30(10):1964-1970.

邹锐,刘永,颜小品,等,2011. 智能流域管理的关键问题与模型技术[J]. 北京大学学报(自然科学 版),47(5):868-874.

ABUL'WAFA A R,2013. Optimization of economic/emission load dispatch for hybrid generating systems using controlled elitist nsga-ii[J]. Electric Power Systems Research,105(6):142-151.

AHMAD A,EL-SHAFIE A,RAZALI S F M,et al,2014. Reservoir optimization in water resources:a review[J]. Water Resources Management,28(11):3391-3405.

AHMADI M,ARABI M,ASCOUGH J C I,et al,2014. Toward improved calibration of watershed models:multisite multiobjective measures of information[J]. Environmental Modelling & Software(59):135-145.

ALY A H,PERALTA R C,1999. Comparison of a genetic algorithm and mathematical programming to the design of groundwater cleanup systems[J]. Water Resources Research,35(8):2415-2425.

ARMSTRONG R,CHARNES A,PHILLIPS F,1979. Page cuts for integer interval linear-programming[J]. Discrete Applied Mathematics,1(1-2):1-14.

AZADIVAR F,TOMPKINS G,1999. Simulation optimization with qualitative variables and structural model changes:a genetic algorithm approach[J]. European Journal of Operational Research,113(1):169-182.

BANKES S C,2002. Tools and techniques for developing policies for complex and uncertain systems[J]. Proceedings of the National Academy of Sciences of the United States of America(99):7263-7266.

BELAINEH G,PERALTA R C,HUGHES T C,1999. Simulation/optimization modeling for water resources management[J]. Journal of Water Resources Planning and Management-Asce,125(3):154-161.

BELLMAN R,GIERTZ M,1973. Analytic formalism of theory of fuzzy sets[J]. Information Sciences(5):149-156.

BEVEN K,2002. Towards a coherent philosophy for modelling the environment[J]. Proceedings of the Royal Society A-Mathematical Physical and Engineering Sciences,458(2026):2465-2484.

BEVEN K,2008. On doing better hydrological science[J]. Hydrological Processes,22(17):3549-3553.

BIRGE J R,HO J K,1993. Optimal flows in stochastic dynamic networks with congestion[J]. Operations Research,41(1):203-216.

BORSUK M E,STOW C A,RECKHOW K H,2004. A bayesian network of eutrophication models for synthesis,prediction,and uncertainty analysis[J]. Ecological Modelling,173(2-3):219-239.

BOX G,WILSON K B,1951. On the experimental attainment of optimum conditions[J]. Journal of the Royal Statistical Society Series B-Statistical Methodology,13(1):1-45.

BREIMAN L,FRIEDMAN J H,OLSHEN R A,1984. Classification and Regression Tree[M]. Belmont,California,USA:Wadsworth International Group.

CHARNES A,GRANOT D,GRANOT F,1976. Algorithm for solving general fractional interval programming-problems[J]. Naval Research Logistics,23(1):53-65.

CHINNECK J W,RAMADAN K,2000. Linear programming with interval coefficients[J]. Journal of the Operational Research Society,51(2):209-220.

CHIPMAN H A,GEORGE E I,MCCULLOCH R E,1998. Bayesian cart model search[J]. Journal of the American Statistical Association,93(443):935-948.

CHIPMAN H A,GEORGE E I,MCCULLOCH R E,2002. Bayesian treed models[J]. Machine Learning,48(1-3):299-320.

CONLEY W,2008. Ecological optimization of pollution control equipment and planning from a simulation perspective[J]. International Journal of Systems Science,39(1):1-7.

COPELAND K,NELSON P R,1996. Dual response optimization via direct function minimization [J]. Journal of Quality Technology,28(3):331-336.

DEB K,GOEL T,2001. Controlled elitist non-dominated sorting genetic algorithms for better convergence[C]. Proceedings of the First International Conference on Evolutionary Multi-Criterion Optimization (Vol. 1993,pp. 67-81). Springer-Verlag.

DEB K,PRATAP A,AGARWAL S,et al,2002. A fast and elitist multiobjective genetic algorithm: NSGA-II[J]. IEEE Transactions on Evolutionary Computation,6(2):182-197.

DENTONI M,DEIDDA R,PANICONI C,et al,2015. A simulation/optimization study to assess seawater intrusion management strategies for the Gaza Strip coastal aquifer (Palestine)[J]. Hydrogeology Journal,23(2):249-264.

DUDLEY N,WAUGH G,1980. Exploitation of a single-cohort fishery under risk -a simulation-optimization approach[J]. Journal of Environmental Economics and Management,7(3):234-255.

FENG Z,HUANG G H,GUO X C,et al,2009. Enhanced-interval linear programming[J]. European Journal of Operational Research,199(2):323-333.

GONG D W,QIN N N,SUN X,2010. Evolutionary algorithms for multi-objective optimization problems with interval parameters[C]. Bio-Inspired Computing:Theories and Applications (BIC-TA),2010 IEEE Fifth International Conference on (pp. 411-420). IEEE.

GRAY J B,FAN G,2008. Classification tree analysis using Target[J]. Computational Statistics & Data Analysis,52(3):1362-1372.

GROVES D G,LEMPERT R J,2007. A new analytic method for finding policy-relevant scenarios [J]. Global Environmental Change,17(1):73-85.

HENRY R C,2005. Duality in multivariate receptor models[J]. Chemometrics and Intelligent La-
boratory Systems,77(1-2):59-63.

HOPKE P K,KIM E,2004. Improving source identification of fine particles in a rural northeastern
US area utilizing temperature-resolved carbon fractions[J]. Journal of Geophysical Research:At-
mospheres,109(D9).

HUANG G H,1992. A stepwise cluster-analysis method for predicting air-quality in an urban-envi-
ronment[J]. Atmospheric Environment Part B-Urban Atmosphere,26(3):349-357.

HUANG G H,BAETZ B W,PATRY G G,1993. A grey fuzzy linear programming approach for
waste management and planning under uncertainty [J]. Civil Engineering Systems, 2 (10):
123-146.

HUANG G H,BAETZ B W,PATRY G G,1995. Grey integer programming an application to waste
management planning under uncertainty[J]. European Journal of Operational Research,83(3):
594-620.

HUANG G H,BAETZ B W,PATRY G G,1998. Trash-flow allocation:Planning under uncertainty
[J]. Interfaces,28(6):36-55.

HUANG G H,LOUCKS D P,2000. An inexact two-stage stochastic programming model for water
resources management under uncertainty[J]. Civil Engineering and Environmental Systems,2
(17):95-118.

HUANG G H,SAE L N,CHEN Z,et al,2001. Long-term planning of waste management system in
the City of Regina - An integrated inexact optimization approach[J]. Environmental Modeling &
Assessment,6(4):285-296.

HUANG G H,LI Y P,NIE S L,et al,2007. ITCLP:an inexact two-stage chance-constrained pro-
gram for planning waste management systems[J]. Resources,Conservation and Recycling,49
(3):284-307.

HUANG G H,NIU Y T,LIN Q G,et al,2011. An interval-parameter chance-constraint mixed-in-
teger programming for energy systems planning under uncertainty[J]. Energy Sources,Part B:
Economics,Planning and Policy,6(2):192-205.

JIA Y,CULVER T B,2006. Robust optimization for total maximum daily load allocations[J]. Wa-
ter Resources Research,42(2):262-275.

KAZEMZADEH P M J,DANESHMAND F,AHMADFARD M A,et al,2015. Optimal groundwa-
ter remediation design of pump and treat systems via a simulation-optimization approach and fire-
fly algorithm[J]. Engineering Optimization,47(1):1-17.

KIM S M,BRANNAN K M,ZECKOSKI R W,et al,2014. Development of total maximum daily
loads for bacteria impaired watershed using the comprehensive hydrology and water quality simu-
lation model[J]. Journal of Environmental Science and Health Part A-Toxic/Hazardous Sub-
stances & Environmental Engineering,49(9):1077-1089.

KUMRU M N,BAKAÇ M,2003. R-mode factor analysis applied to the distribution of elements in
soils from the Aydın basin,Turkey[J]. Journal of Geochemical Exploration,77(2):81-91.

LALL U,MOON Y I,KWON H H,et al,2006. Locally weighted polynomial regression:parameter choice and application to forecasts of the great salt lake[J]. Water Resources Research,42 (5):648.

LIU B D,2001. Uncertain programming:a unifying optimization theory in various uncertain environments[J]. Applied Mathematics and Computation,120(1-3):227-234.

LIU Y,GUO H,ZHOU F,et al,2008. Inexact chance-constrained linear programming model for optimal water pollution management at the watershed scale[J]. Journal of Water Resources Planning and Management-Asce,134(4):347-356.

LIU Y,ZOU R,GUO H,2011. Risk explicit interval linear programming model for uncertainty-based nutrient-reduction optimization for the Lake Qionghai Watershed[J]. Journal of Water Resources Planning and Management-Asce,137(1):83-91.

LOH W Y,2002. Regression trees with unbiased variable selection and interaction detection[J]. Statistica Sinica,12(2):361-386.

LU H W,HUANG G H,ZENG G M,et al,2008. An inexact two-stage fuzzy-stochastic programming model for water resources management[J]. Water Resources Management, 22 (8): 991-1016.

MAQSOOD I, HUANG G H, YEOMANS J S,2005. An interval-parameter fuzzy two-stage stochastic program for water resources management under uncertainty[J]. European Journal of Operational Research,167(1):208-225.

MEBARKI N,CASTAGNA P,2000. An approach based on Hotelling's test for multicriteria stochastic simulation-optimization[J]. Simulation Practice and Theory,8(5):341-355.

MILLY P C D J,BETANCOURT M,FALKENMARK R M,et al,2008. Stouffer climate change - stationarity is dead:whither water management[J]. Science,319(5863):573-574.

MOBLEY J T,CULVER T B,HALL T E,2014. Simulation-optimization methodology for the design of outlet control structures for ecological detention ponds[J]. Journal of Water Resources Planning and Management,140(11):04014031.

MORGAN J N,SONQUIST J A,1963. Problems in the analysis of survey data and a proposal [J]. Journal of the American Statistical Association(58):415-434.

MORSHED J,KALUARACHCHI J J,1998. Application of artificial neural network and genetic algorithm in flow and transport simulations[J]. Advances in Water Resources,22(2):145-158.

MUJUMDAR P P,VEMULA V,2004. Fuzzy waste load allocation model:Simulation-optimization approach[J]. Journal of Computing in Civil Engineering,18(2):120-131.

MYERS R H,CARTER W H,1973. Response surface techniques for dual response systems [J]. Technometrics,15(2):301-317.

MYERS R H,MONTGOMERY D C,VINING G G,et al,2004. Response surface methodology:a retrospective and literature survey[J]. Journal of Quality Technology,36(1):53-77.

OLIVEIRA C,ANTUNES C H,2007. Multiple objective linear programming models with interval coefficients -an illustrated overview[J]. European Journal of Operational Research,181(3):1434-1463.

PEI W,2011. A FREILP approach for long-term planning of MSW management system in HRM,

Canada[J]. Environmental modeling(11):10222-14173.

PEKEY H,KARAKAŞ D,BAKOGLU M,2004. Source apportionment of trace metals in surface waters of a polluted stream using multivariate statistical analyses[J]. Mar PollutBull. Marine Pollution Bulletin,49(9-10):809-818.

QI H,ALTINAKAR M S,VIEIRA D A N,et al,2008. Application of Tabu search algorithm with a coupled Annagnps-Cche1d model to optimize agricultural land use[J]. Journal of the American Water Resources Association,44(4):866-878.

QIN X S,HUANG G H,CHAKMA A,et al,2007. Simulation-based process optimization for surfactant-enhanced aquifer remediation at heterogeneous DNAPL-contaminated sites[J]. Science of the Total Environment,381(1-3):17-37.

QIN X S,HUANG G H,HE L,2009. Simulation and optimization technologies for petroleum waste management and remediation process control[J]. Journal of Environmental Management,90(1):54-76.

RECKHOW K H,1999. Water quality prediction and probability network models,Canadian[J]. Journal of Fisheries and Aquatic Sciences,56(7):1150-1158.

REJANI R,JHA M K,PANDA S N,2009. Simulation-optimization modelling for sustainable groundwater management in a Coastal Basin of Orissa,India[J]. Water Resources Management,23(2):235-263.

ROBERS P D,BENISRAE A,1969. Interval programming - new approach to linear programming with applications to chemical engineering problems[J]. Industrial & Engineering Chemistry Process Design and Development,8(4):496.

RUSZCZYNSKI A,1997. Decomposition methods in stochastic programming[J]. Mathematical Programming,79(1-3):333-353.

SAADATPOUR M,AFSHAR A,2013. Multi objective simulation-optimization approach in pollution spill response management model in reservoirs[J]. Water Resources Management,27(6):1851-1865.

SANTHI C,WILLIAMS J R,DUGAS W A,et al,2002. Water quality modeling of Bosque River Watershed to support TMDL analysis//ASAE Publication[J]. St Joseph:Amer Soc Agr Engineers(20):33-43.

SENGUPTA A,PAL T K,CHAKRABORTY D,2001. Interpretation of inequality constraints involving interval coefficients and a solution to interval linear programming[J]. Fuzzy Sets and Systems,119(1):129-138.

SIMEONOV V,STRATIS J A,SAMARA C,et al,2003. Assessment of the surface water quality in Northern Greece[J]. Water Research,37(17):4119-4124.

SIMIC V,DIMITRIJEVIC B,2013. Risk explicit interval linear programming model for long-term planning of vehicle recycling in the Eu Legislative context under uncertainty[J]. Resources Conservation & Recycling,73(2):197-210.

SINGH K P,MALIK A,SINHA S,2005. Water quality assessment and apportionment of pollution sources of Gomti river (India) using multivariate statistical techniques—a case study[J]. Analytica Chimica Acta,538(1):355-374.

SINGH A,2014a. simulation and optimization modeling for the management of groundwater resources. II:combined applications[J]. Journal of Irrigation and Drainage Engineering,140(4):1742-1748.

SINGH A B,2014b. Simulation-optimization modeling for conjunctive water use management[J]. Agricultural Water Management(141):23-29.

SINGH A,2015. Managing the environmental problem of seawater intrusion in coastal aquifers through simulation-optimization modeling[J]. Ecological Indicators(48):498-504.

SRINIVAS N,DEB K,1994. Muiltiobjective optimization using nondominated sorting in genetic algorithms[J]. Evolutionary Computation,2(3):221-248.

SUO M Q,LI Y P,HUANG G H,et al,2013. Electric power system planning under uncertainty using inexact inventory nonlinear programming method[J]. Journal of Environmental Informatics,22(1):49-67.

TELEB R A,ZADIVAR F,1994. A methodology for solving multiobjective simulation-optimization problems[J]. European Journal of Operational Research,72(1):135-145.

TONG S C,1994. Interval number,fuzzy number linear programming[J]. Fuzzy Sets and Systems(66):301-306.

VINING G G,MYERS R H,1990. Combining taguchi and response-surface philosophies - a dual response approach[J]. Journal of Quality Technology,22(1):38-45.

WARD D P,MURRAY A T,PHINN S R,2003. Integrating spatial optimization and cellular automata for evaluating urban change[J]. Annals of Regional Science,37(1):131-148.

WILSON J M,1998. Introduction to stochastic programming[J]. Journal of the Operational Research Society,49(8):897-898.

ZHANG X,HUANG K,ZOU R,et al,2012. A risk explicit interval linear programming model for uncertainty-based environmental economic optimization in the lake fuxian watershed,China[J]. Scientific World Journal,2013(9):160-169.

ZHANG J L,LI Y P,HUANG G H,2014. A robust simulation-optimization modeling system for effluent trading-a case study of nonpoint source pollution control[J]. Environmental Science and Pollution Research,21(7):5036-5053.

ZHENG C M,WANG P P,2002. A field demonstration of the simulation optimization approach for remediation system design[J]. Ground Water,40(3):258-265.

ZHENG Y,KELLER A A,2008. Stochastic watershed water quality simulation for tmdl development - a case study in the newport bay watershed[J]. Journal of the American Water Resources Association,44(6):1397-1410.

ZHOU F,HUANG G H,CHEN G X,et al,2009. Enhanced-interval linear programming[J]. European Journal of Operational Research,199(2):323-333.

ZOU R,LUNG W S,WU J,2007. An adaptive neural network embedded genetic algorithm approach for inverse water quality modeling[J]. Water Resources Research,430(8):2539-2545.

ZOU R,LIU Y,LIU L,et al,2010a. Reilp approach for uncertainty-based decision making in civil engineering[J]. Journal of Computing in Civil Engineering,24(4):357-364.

ZOU R,LIU Y,RIVERSON J,et al,2010b. A nonlinearity interval mapping scheme for efficient waste load allocation simulation-optimization analysis[J]. Water Resources Research,46(8): 2499-2505.

ZOU R,LIU Y,YAN X,et al,2011. Key components and modeling framework for intelligent watershed management (IWM)[J]. Acta Scientiarum Naturalium Universitatis Pekinensis,47(5): 868-874.

ZOU R,ZHANG X,LIU Y,et al,2014. Uncertainty-based analysis on water quality response to water diversions for Lake Chenghai:a multiple-pattern inverse modeling approach[J]. Journal of Hydrology(514):1-14.

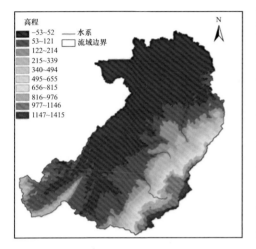

图 3.11 八里湖流域 DEM 图

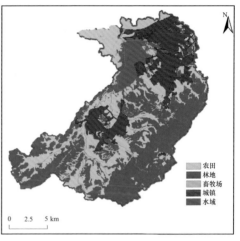

图 3.12 八里湖流域土地利用分布

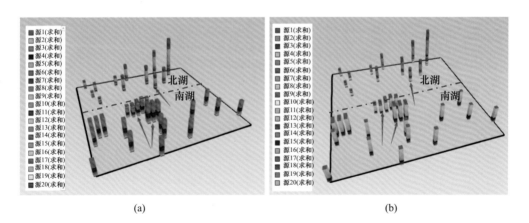

(a)

(b)

图 3.39 TN(a)和 TP(b)贡献的空间异质性分析

彩插1

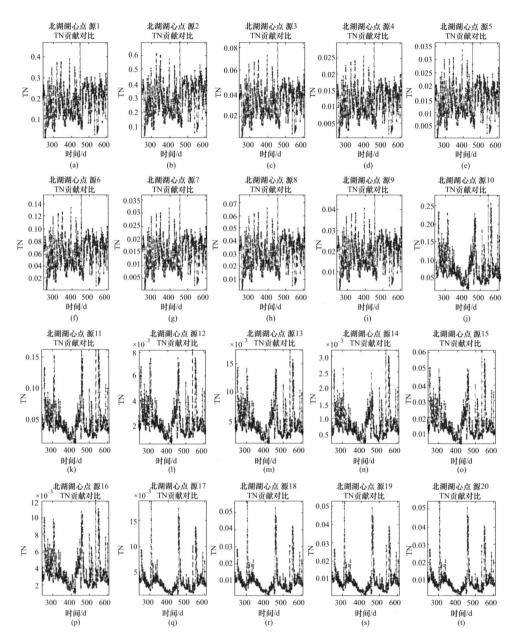

图 4.1　北湖湖心点各个源削减与水质响应的非线性分析
（红点表示线性化结果，蓝线表示削减后直接源解析计算结果）